MANFRED BONITZ

Wissenschaftliche Forschung und wissenschaftliche Information

BEITRÄGE ZUR FORSCHUNGSTECHNOLOGIE

Schriftenreihe für Experimentalmethodik, Systemanalyse und Instrumentierung in der naturwissenschaftlichen, medizinischen und technischen Forschung

Herausgegeben vom Vizepräsidenten für Forschung und Planung der Akademie der Wissenschaften der DDR im Zusammenwirken mit der Ständigen Expertenkommission Forschungstechnologie

HEFT 6

Akademie der Wissenschaften der DDR, Ständige Expertenkommission Forschungstechnologie beim Vizepräsidenten für Forschung und Planung,
1199 Berlin-Adlershof, Rudower Chaussee 5, Haus 12.1
(Zentrale Arbeitsgruppe Forschungstechnologie)

Manfred Bonitz

Wissenschaftliche Forschung und wissenschaftliche Information

2., unveränderte Auflage

Mit 32 Abbildungen und 6 Tabellen

AKADEMIE-VERLAG · BERLIN 1981

Anschrift des Autors:
Dr. sc. nat. Manfred Bonitz
Akademie der Wissenschaften der DDR
Zentralinstitut für Kernforschung
8051 Dresden, Postschließfach 19

Manuskriptabschluß: Februar 1979

Erschienen im Akademie-Verlag, DDR-1080 Berlin, Leipziger Str. 3—4

Lizenznummer: 202 · 100/515/81
Gesamtherstellung: VEB Druckerei „Thomas Müntzer", 5820 Bad Langensalza
Einbandgestaltung: Rolf Kunze
Bestellnummer: 7627636 (2167/6) · LSV 1075
Printed in GDR
DDR 21,— M

ISSN 0323-5130

Geleitwort

Die wissenschaftliche Information ist eine wissenschaftliche Disziplin mit Querschnittscharakter und mit dem Namen Informatik versehen worden. Ihre Bedeutung für alle Wissenschaftsbereiche von den Gesellschaftswissenschaften bis zu den verschiedensten Gebieten der Naturwissenschaften und der Technik wächst ständig mit der Zahl der Wissenschaftler und der von ihnen erzielten Ergebnisse. Gleichzeitig nehmen aber auch die Probleme zu, die ihr gestellt sind.

Der Autor dieses Bandes aus der Reihe „Beiträge zur Forschungstechnologie" ist sich als Naturwissenschaftler der fundamentalen Problematik wohl bewußt: Jede wissenschaftliche Tätigkeit bedarf der Information über den Erkenntnisstand auf dem eigenen Arbeitsgebiet. Aber auch Ergebnisse – und nicht nur die neuesten – auf weit abseits gelegenen Wissenschaftsbereichen können der eigenen Forschung neue wertvolle Impulse geben und das um so mehr, je prinzipieller die Fragestellung ist, andererseits je stärker die zu lösenden Probleme mit technologischen Fragen verknüpft sind. Zentrale Aufgaben der Technik erfordern zur optimalen Lösung komplexe Information von den Gesellschaftswissenschaften über die Naturwissenschaften bis zu den Ingenieurwissenschaften. Gleichzeitig liefert der aktive Wissenschaftler ständig neue Ergebnisse, die das zu bewältigende Informationsmaterial vergrößern. Es ist verdienstvoll, daß der Autor in einem durch Quellenstudium gut fundierten historischen Rückblick deutlich macht, wie durch die Wissenschaftsentwicklung das Informationsmaterial exponentiell so stark anschwillt, daß eine vollständige Verarbeitung selbst auf relativ schmalen Teilgebieten kaum möglich ist. Die Selektion ohne wesentlichen Informationsverlust setzt aber eine gute Kenntnis des Fachgebietes und der speziellen Fragestellung voraus.

Die technischen Hilfsmittel der Informatik, über die der Verfasser berichtet, sind wertvoll für ihre Rationalisierung, wenn sie intelligent genutzt werden. Die Leistungsfähigkeit verschiedener moderner wissenschaftlicher Informationssysteme kann auf der Grundlage der vom Verfasser gegebenen Erläuterungen verglichen werden. Es werden Ansätze zur Bewältigung des ständig wachsenden Informationsstromes aufgezeigt. Eines der wichtigsten Mittel dafür liegt in der Hand jedes Wissenschaftlers: Sorgfältige Beschränkung schriftlich oder mündlich gelieferter Informationen auf das Neue und Wesentliche ohne Redundanzen. Für jede Forschungstechnologie ist die exakte Information über den Erkenntnisstand die unentbehrliche Grundlage. Wege zu ihrer Rationalisierung sind in dem vorliegenden Band aufgezeigt. Ihre optimale Verwertung für die eigene Arbeit, das läßt dieser Band auch erkennen, wird bestimmt durch die Schöpferkraft des Forschers. Aus diesem Buch kann er sich über die Möglichkeiten zur schnelleren Gewinnung von Informationen unterrichten und damit mehr Zeit für ihre Verwertung erhalten.

Berlin, 24. Januar 1979

Prof. Dr. habil. Dr. h. c. Dr. h. c. K. Schwabe
Vizepräsident der Akademie der Wissenschaften der DDR und Präsident der Sächsischen Akademie der Wissenschaften

Vorwort des Autors zur zweiten Auflage

Die erste Auflage des vorliegenden Bandes war nach wenigen Wochen vergriffen. Dies läßt auf ein Bedürfnis breiter Leserkreise schließen, über die Zusammenhänge zwischen wissenschaftlicher Forschung und wissenschaftlicher Information, über ihre Stellung und ihren Einfluß im Rahmen der Forschungstechnologie sowie über den Stand der Bemühungen zur Überwindung der sogenannten Informationskrise unterrichtet zu werden. Das Interesse dürfte darüber hinaus Erkenntnissen der jungen Wissenschaftsdisziplin Informatik gelten, die zunehmend Einfluß auf die wissenschaftliche Informationstätigkeit gewinnt und deren weites Spektrum vom informationsbewußten Verhalten des einzelnen Wissenschaftlers und Ingenieurs bis zum Funktionieren hochtechnisierter internationaler Informationssysteme reicht.

Auf dieses gesellschaftliche Bedürfnis schnell zu reagieren, war gemeinsames Anliegen des Verlages, des Herausgeber- und Redaktionskollegiums der „Beiträge zur Forschungstechnologie" und des Autors. Deshalb sind Struktur und Inhalt des Bandes gegenüber der ersten Auflage unverändert geblieben. Positive Reaktionen vieler Leser, bereits erfolgte Rezensionen und nicht zuletzt die Herausgabe einer russischsprachigen Ausgabe der vorliegenden Fassung durch den Verlag „Nauka", Moskau, im Jahre 1981 ermutigen, so zu verfahren.

Der Autor bedankt sich für die Verwirklichung des Vorhabens bei dem Herausgeber- und Redaktionskollegium, ganz besonders bei dessem Vorsitzenden, Herrn Dr. G. Lotz, sowie bei den Mitarbeitern des Akademie-Verlages, Frau R. Trautmann (Lektorat Physik), dem Herstellungsleiter, Herrn F. Löwe, sowie dem Direktor für Produktion und Absatz, Herrn H. Kruschwitz.

Möge auch die zweite Auflage eine freundliche Aufnahme finden.

Dresden, 18. August 1980

Manfred Bonitz

Inhalt

1.	**Einleitung**	**1**
2.	**Das Problem der wissenschaftlichen Information**	**9**
2.1.	Phänomen Information	9
2.2.	Informationslawine	11
2.3.	Komplexität des Problems der wissenschaftlichen Information	16
3.	**Wissenschaftliche Kommunikation**	**19**
3.1.	Elementarform und System der wissenschaftlichen Kommunikation	19
3.2.	Little information, big information	21
3.3.	Informatik	28
4.	**Wissenschaftswissenschaft und Informatik**	**33**
4.1.	Beschleunigte Entwicklung der Wissenschaft	34
4.2.	Informationsmodell der Wissenschaft	39
4.3.	Produktivkraft wissenschaftliche Information	40
5.	**Kybernetik und Informatik**	**43**
5.1.	Systemaspekt	45
5.2.	Informationsaspekte und statistisches Maß der Information	54
5.3.	Wissenschaftliche Information	63
6.	**Einige Grundlagen wissenschaftlicher Informationstätigkeit**	**69**
6.1.	Informationsbedarf	69
6.2.	Ordnen. Informationssprachen	72
6.3.	Speichern und Wiederauffinden	77
7.	**Computer in wissenschaftlicher Informationstätigkeit und Informatik**	**85**
7.1.	Retrospektive Recherche. Register	87
7.2.	Selektive Informationsverbreitung. Science Citation Index	90
7.3.	Experimentierfeld Informationsmassiv	94

8. **Moderne Systeme wissenschaftlicher Information** 99
8.1. Informationssysteme auf dem Gebiet der Chemie 101
8.2. INIS – erstes Zweiginformationssystem mit weltweiter Kooperation 105
8.3. SPRESI – Entfaltung wissenschaftlicher Information 108
8.4. ASSISTENT – integriertes Informationssystem der Natur- und Technikwissenschaften 116
8.5. ISWTI – internationales Informationssystem sozialistischer Länder 118

9. **Information über Information** 125
9.1. Rangverteilungen 127
9.2. Objektiver Informationsbedarf und optimaler Bestandsaufbau 130
9.3. Systemanalyse der wissenschaftlichen Information 139

10. **Quo vadis, wissenschaftliche Kommunikation?** 143
10.1. Weiterentwicklung des Systems der wissenschaftlichen Kommunikation 145
10.2. Forschung und Lehre auf dem Gebiet der Informatik 150
10.3. Auswirkung der gegenwärtigen Entwicklung auf den Wissenschaftler. Neue Verhaltensweisen im Umgang mit wissenschaftlicher Information 151

11. **Abkürzungsverzeichnis** 157

12. **Abbildungsverzeichnis** 159

13. **Tabellenverzeichnis** 163

14. **Übersetzung der Begriffsbestimmung Informatik aus dem Russischen** 165

15. **Literatur** 169

16. **Personenregister** 185

17. **Sachregister** 189

18. **Zusammenfassung** 197

Contents

1.	**Introduction**	1
2.	**The problem of scientific information**	9
2.1.	The phenomenon of information	9
2.2.	Information avalanche	11
2.3.	Complexity of the problem of scientific information	16
3.	**Scientific communication**	19
3.1.	Elementary form and system of scientific communication	19
3.2.	Little information, big information	21
3.3.	Informatics	28
4.	**Science of science and informatics**	33
4.1.	Accelerated development of science	34
4.2.	Information model of science	39
4.3.	Scientific information – a productive force	40
5.	**Cybernetics and informatics**	43
5.1.	Systems aspect	45
5.2.	Information aspects and statistical measure of information	54
5.3.	Scientific information	63
6.	**Some fundamentals of scientific information work**	69
6.1.	Information needs	69
6.2.	Classification. Information languages	72
6.3.	Information storage and retrieval	77
7.	**Computers in scientific information work and informatics**	85
7.1.	Retrospective search. Register	87
7.2.	Selective dissemination of information. Science Citation Index	90
7.3.	Information files: a field for experiments	94

8.	**Modern systems of scientific information**	99
8.1.	Information systems in chemistry	101
8.2.	INIS – first branch information system based on world-wide co-operation	105
8.3.	SPRESI – displaying of scientific information	108
8.4.	ASSISTENT – integrated information system of natural and technical sciences	116
8.5.	ISSTI – international information system of the socialistic countries	118
9.	**Information about information**	125
9.1.	Rank distributions	127
9.2.	Objective information needs and optimum acquisition	130
9.3.	Systems analysis of scientific information	139
10.	**Quo vadis – scientific communication?**	143
10.1.	Prospects of the system of scientific communication	145
10.2.	Research and teaching in informatics	150
10.3.	Impact of current developments on the scientist. New patterns of behaviour in handling scientific information	151
11.	**Abbreviations**	157
12.	**Index of illustrations**	159
13.	**Index of tables**	163
14.	**A definition of "informatics" translated from Russian**	165
15.	**References**	169
16.	**Author index**	185
17.	**Subject index**	189
18.	**Summary**	198

Содержание

1.	**Введение**	1
2.	**Проблема научной информации**	9
2.1.	Феномен информация	9
2.2.	Лавина научной информации	11
2.3.	Сложность проблемы научной информации	16
3.	**Научная коммуникация**	19
3.1.	Элементарная форма и система научной коммуникации	19
3.2.	Малая информация, большая информация	21
3.3.	Информатика	28
4.	**Науковедение и информатика**	33
4.1.	Ускоренное развитие науки	34
4.2.	Информационная модель науки	39
4.3.	,,Производительная сила научная информация"	40
5.	**Кибернетика и информатика**	43
5.1.	Системный аспект	45
5.2.	Информационные аспекты и статистическая мера информации	54
5.3.	Научная информация	63
6.	**Некоторые основы научно-информационной деятельности**	69
6.1.	Информационная потребность	69
6.2.	Упорядочение. Информационные языки	72
6.3.	Хранение и поиск	77
7.	**Компьютер в научно-информационной деятельности и в информатике**	85
7.1.	Ретроспективный информационный поиск. Указатели	87
7.2.	Избирательное распространение информации. Указатель библиографических ссылок	90
7.3.	Объект экспериментирования — информационный массив	94
8.	**Современные системы научной информации**	99
8.1.	Информационные системы в области химии	101
8.2.	ИНИС — первая отраслевая система научной информации с международным разделением труда	105

8.3. ШПРЕСИ — развертывание научной информации 108
8.4. АССИСТЕНТ — интегральная система научной информации в области естественных и технических наук 116
8.5. МСНТИ — международная информационная система социалистических стран 118

9. Информация об информации 125
9.1. Ранговые распределения 127
9.2. Объективная потребность в научной информации и оптимальное комплектование фондов 130
9.3. Системный анализ научной информации 139

10. Quo vadis, научная коммуникация? 143
10.1. Дальнейшее развитие системы научной коммуникации 145
10.2. Научные исследования и преподавание в области информатики 150
10.3. Выводы для ученого. Новые нормы научно-информационного поведения 151

11. Указатель сокращений 157

12. Указатель рисунков 159

13. Указатель таблиц 163

14. Перевод термина „информатика“ с русского языка 165

15. Литература 169

16. Именной указатель 185

17. Предметний указатель 189

18. Резюме 199

1. Einleitung

„Die Organisation der Übertragung von Information ist der entscheidende Faktor für eine gut funktionierende kollektive Arbeit der Wissenschaftler. Je effektiver diese Organisation verwirklicht wird, desto weiter und intensiver entwickelt sich die Wissenschaft."
Petr Leonidovič KAPICA[1, 2]

Die Wissenschaft genießt in den sozialistischen Staaten hohe Wertschätzung. Die Wissenschaftspolitik der Sozialistischen Einheitspartei Deutschlands geht von dieser Wertschätzung und von der wachsenden Verantwortung der Wissenschaften aus. E. HONECKER sagte auf dem IX. Parteitag der SED: „Bei unserem weiteren Voranschreiten wächst die Verantwortung der Wissenschaften. Jeder Wissenschaftler kann seine schöpferische Tätigkeit im Interesse der Gestaltung der entwickelten sozialistischen Gesellschaft und der Wissenschaften selbst ungehindert entfalten. Die Gesellschaft schafft ihm dazu immer bessere Voraussetzungen" ([2], S. 92).

Diese Grundhaltung ermöglicht es, der Wissenschaft Aufgaben zu stellen, die auf die Befriedigung dringender gesellschaftlicher Bedürfnisse gerichtet sind. So ist im „Programm der Sozialistischen Einheitspartei Deutschlands", das auf dem IX. Parteitag der SED beschlossen wurde, formuliert: „Die Sozialistische Einheitspartei Deutschlands setzt sich dafür ein, daß auf solchen Gebieten wie der Mathematik, Mechanik, Kybernetik und Informationsverarbeitung, der Physik einschließlich der Werkstoff- und der Kernforschung, der Chemie, den Geo- und Kosmoswissenschaften eine weitgesteckte Grundlagenforschung betrieben und die zügige Überführung wissenschaftlicher Erkenntnisse in die Praxis gewährleistet wird. Gleiches gilt für die Grundlagen

1 Aus: „100 Jahre ‚Zeitschrift für experimentelle und theoretische Physik' und die Rolle der Zeitschriften in der Wissenschaftsentwicklung". Rede auf der Sitzung des Präsidiums der Akademie der Wissenschaften der UdSSR, 1973, veröffentlicht in [1], S. 159–169.

2 Übersetzungen aus russischsprachigen Quellen wurden vom Autor vorgenommen, wenn für die betreffenden Titel keine Übersetzung ins Deutsche vorlag.

der Energiewirtschaft, der Konstruktion und Technologie. Auf diesen Gebieten ist der notwendige Vorlauf an wissenschaftlichen Erkenntnissen für den rationellen Einsatz der erschließbaren Rohstoff-, Energie- und Werkstoffressourcen, zur Befriedigung der wachsenden Informations- und Kommunikationsbedürfnisse sowie zur Sicherung optimaler Umweltbedingungen zu schaffen" ([3], S. 45). Für die Bewältigung dieser im Programm der SED genannten Aufgaben wird ein ständig wachsender Anteil des Nationaleinkommens zur Verfügung gestellt. Er beträgt in der DDR im Zeitraum von 1976 bis 1980 durchschnittlich jährlich sieben Milliarden Mark (vgl. [2], S. 47).

Die Intensivierung der gesellschaftlichen Produktion ist unerläßliche Voraussetzung für ein planmäßiges, dynamisches Wirtschaftswachstum und damit für den sozialen Fortschritt. In der Reihe der Faktoren, die zur Intensivierung des Produktionsgeschehens beitragen, steht die Nutzung wissenschaftlicher Erkenntnisse an erster Stelle. Die künftige wirtschaftliche Leistungssteigerung hängt entscheidend von der anhaltenden Beschleunigung des wissenschaftlich-technischen Fortschritts und der umfassenderen ökonomischen Verwertung seiner Ergebnisse ab, wobei die konsequente Orientierung am internationalen Niveau unerläßlich ist (vgl. [4]).

Wenn die Wissenschaft Intensivierungsfaktor in bezug auf die Prozesse der materiellen Produktion ist, so wird es zum dringenden Gebot für die Wissenschaftler, die Effektivität der wissenschaftlichen Tätigkeit selbst zu erhöhen. L. I. BREŽNEV: „Je höher die Partei die Arbeit unserer Wissenschaftler und deren Rolle beim kommunistischen Aufbau bewertet, um so mehr erwartet sie von ihnen und um so höher sind die Anforderungen, die sie an die Wissenschaftler stellt. ... Das bedeutet ja, daß bei uns wissenschaftliches Wissen, das intellektuelle Potential der Gesellschaft, zu einem immer kostbareren gesellschaftlichen Reichtum wird" [5]. K. HAGER betonte im selben Zusammenhang die Dringlichkeit der intensiven Entwicklung des Wissenschaftspotentials als einer „wichtigen Bedingung, um die Arbeitsproduktivität der Wissenschaftler rascher zu steigern als die Ausgaben für Wissenschaft und Technik" ([6], S. 75).

Zu den zahlreichen Faktoren, die das Potential der Wissenschaft entscheidend prägen, gehört auch die wissenschaftliche Information. Bei der Produktion materieller Güter gilt seit langem der Grundsatz, daß mit Arbeitszeit, finanziellen Mitteln und Rohstoffen so rationell wie möglich umzugehen sei. Für den wissenschaftlichen Arbeitsprozeß läßt sich in ähnlicher Weise noch die Maxime eines rationellen (nicht etwa „sparsamen") Umgangs mit wissenschaftlicher Information formulieren. In beiden Fällen können die genannten Grundsätze um so wirkungsvoller praktiziert werden, je besser die Gesetzmäßigkeiten der Produktion einerseits und die Bewegung wissenschaftlicher Information andererseits erkannt und von den in der Sphäre der Forschung, Entwicklung, Technologie und Produktion Tätigen bewußt genutzt werden.

K. MARX hat des öfteren auf die „Verwandlung des Produktionsprozesses in technologische Anwendung der Wissenschaft" hingewiesen ([7], S. 54, 407, 528, 631, 562, 790), wobei Wissenschaft, gesichertes Wissen, ebenso wie jegliche Naturkraft, kostenlos exploitiert werden kann: „Einmal entdeckt, kostet das Gesetz über die Abweichung der Magnetnadel im Wirkungskreise eines elektrischen Stroms oder über die Erzeugung von Magnetismus im Eisen, um das ein elektrischer Strom kreist, keinen Deut" ([7], S. 407, [8], S. 356).

Die bemerkenswerte Eigenschaft der Wissenschaft, in der Form wissenschaftlicher Information allen zu gehören, „allgemeine Arbeit" zu sein ([9], S. 113), ist wahrscheinlich das wesentliche Merkmal, in welchem sich der Prozeß der Erzeugung und Nutzung wissenschaftlicher Information, der sich in der Wissenschaft vollzieht, vom Prozeß der Produktion und Konsumtion materieller Güter unterscheidet.

Die Technologie der wissenschaftlichen Forschung und die wissenschaftliche Information sind Forschungsobjekte von Wissenschaftsdisziplinen, die erst am Beginn ihrer Entwicklung stehen.

Wissenschaftliche Forschung ist undenkbar ohne wissenschaftliche Information. Der Forscher entnimmt sie dem existierenden Fundus des Wissens und fügt diesem neue, im Forschungsprozeß gewonnene wissenschaftliche Information hinzu. Den Austausch vermittelt das *System der wissenschaftlichen Kommunikation*. In diesem zirkuliert wissenschaftliche Information ähnlich wie das Blut im menschlichen Organismus. Das System ist relativ selbständig und doch untrennbar mit dem Organismus der Wissenschaft verbunden, dem es sich während mehrerer Jahrhunderte ständig anpassen konnte.

Seit einigen Jahrzehnten bleibt das System der wissenschaftlichen Kommunikation deutlich hinter der Entwicklung der Wissenschaft zurück. Diese Erscheinung wird häufig als „Informationskrise", besser jedoch als *Problem der wissenschaftlichen Information,* bezeichnet. Von ihren Auswirkungen werden die Wissenschaft als Ganzes und jeder einzelne Wissenschaftler betroffen. Der Wissenschaftler gerät in einen Konflikt, weil es ihm nicht mehr gelingt, das Aufkommen an wissenschaftlicher Information mit seinen Möglichkeiten, es zu erschließen und zu verarbeiten, in Einklang zu bringen. Die Ergebnisse von Wissenschaft und Technik können nicht mehr umfassend wirksam werden, weil vom rapide zunehmenden Fundus an wissenschaftlicher Information nur ein kleiner, relativ sinkender Anteil genutzt wird.

Wesentliche Ursachen für das Zurückbleiben des Systems der wissenschaftlichen Kommunikation sind das hohe Tempo, mit der sich der erwähnte objektive Prozeß der Umwandlung der Wissenschaft in eine unmittelbare Produktivkraft vollzieht und das nicht gekannte Ausmaß, in dem die Wissenschaft alle Bereiche und Prozesse der menschlichen Gesellschaft erfaßt.

Die schnellere Anpassung des Systems der wissenschaftlichen Kommunikation an den Organismus der Wissenschaft – und umgekehrt – ist zu einem dringenden Problem der Forschungstechnologie geworden. Von seiner Lösung hängt in hohem Maße das Leistungsvermögen der Wissenschaft ab.

In der Wissenschaft vollzieht sich im Prozeß der Arbeitsteilung die Herausbildung der *wissenschaftlichen Informationstätigkeit* als eine eigenständige Form wissenschaftlicher Tätigkeit. Diese Entwicklung wird durch den Einsatz von Automatisierungsmitteln in Bereichen des Systems der wissenschaftlichen Kommunikation, die früher nur manuellen Verfahren zugänglich waren, gefördert. Zunehmend entlastet die wissenschaftliche Informationstätigkeit als selbständige und häufig institutionalisierte Tätigkeit den Wissenschaftler auf einem Feld, das, vereinfacht ausgedrückt, Ziel und Ausgangspunkt jeglicher wissenschaftlicher Tätigkeit ist: der Sammlung, Speicherung, Verarbeitung und Darbietung wissenschaftlicher Information.

Allerdings haben sich die Hoffnungen, das Problem der wissenschaftlichen Information rasch und im wesentlichen mit gesundem Menschenverstand und durch Einsatz von Mitteln der elektronischen Datenverarbeitung zu lösen, nicht erfüllt. Tiefere Einsicht in Entwicklungsgesetzmäßigkeiten der Wissenschaft und des Systems der wissenschaftlichen Kommunikation ist notwendig. Die wissenschaftliche Information und die Prozesse der wissenschaftlichen Kommunikation müssen verstärkt selbst zum Objekt der Forschung werden. Dieser Aufgabe beginnt sich die Wissenschaftsdisziplin *Informatik* zu widmen. Ihre Erkenntnisse werden die wissenschaftliche Informationstätigkeit und den forschungstechnologischen Prozeß immer stärker beeinflussen.

Die Wirksamkeit der wissenschaftlichen Informationstätigkeit hängt von ihrer eigenen theoretischen Durchdringung, aber auch von der engen Wechselwirkung des Wissenschaftlers mit den Institutionen der wissenschaftlichen Information ab. Er benötigt ein Minimum an Kenntnissen über das komplizierter werdende System der wissenschaftlichen Kommunikation und über die modernen Formen wissenschaftlicher Informationstätigkeit.

Auf die Bestimmung des Begriffs *„wissenschaftliche Information"* wird in Abschnitt 5.3. ausführlich eingegangen. Die dort angeführte Definition lautet: „Wissenschaftliche Information ist im Erkenntnisprozeß gewonnene logische Information, welche die Erscheinungen und Gesetze in Natur, Gesellschaft und Denken adäquat widerspiegelt und in der gesellschaftlich-historischen Praxis genutzt wird." Dennoch erscheint es als zweckmäßig, schon in der Einleitung dieser Schrift den Assoziationsraum einzuengen, der sich beim Leser für diesen Begriff auftun könnte, weil heutzutage „wissenschaftlich" und „Information" in sehr unterschiedlichen Bedeutungen im Gebrauch sind.

Zunächst sei darauf hingewiesen, daß unter „wissenschaftlicher Information" keine Tätigkeit, sondern ein „Ding" mit ganz bestimmten Strukturen und Eigenschaften verstanden wird. Für das „Informieren" wird der Begriff „wissenschaftliche Informationstätigkeit" benutzt. Das Adjektiv „wissenschaftlich" deutet an, daß die so bezeichnete Information bestimmten Kriterien genügen muß, die mit dem Erkenntnisprozeß zu tun haben, der zu wissenschaftlichem Wissen führt.

Wissenschaftliche Information darf keinesfalls gleichgesetzt werden mit „in der Wissenschaft gewonnener oder genutzter Information". Sie tritt auch in der gesamten zwischen institutionalisierter Wissenschaft und Produktion liegenden Sphäre auf.

Wissenschaftliche Information darf weiterhin nicht gleichgesetzt werden mit jeglicher Art von Information, die im wissenschaftlichen Forschungsprozeß auftritt oder zu dessen Leitung und Planung notwendig ist. So sind die Primärdaten, die ein Forscher im wissenschaftlichen Experiment erhält (die Impulse von Strahlungsdetektoren, die Signale von Wettersatelliten, die Anzeige der Pulsfrequenz eines Patienten) noch keine wissenschaftliche Information. Die Handhabung, Bewertung und Verwertung der in der Forschung anfallenden Primärdaten ist eine Aufgabe der jeweiligen Einzelwissenschaft (Physik, Meteorologie, Medizin . . .).

Die Leiter wissenschaftlicher Kollektive benötigen zur Vorbereitung und Unterstützung ihrer Entscheidungen eine große Vielfalt unterschiedlicher Informationen, die nur zu einem geringen Teil vom System der wissenschaftlichen Kommunikation, etwa von automatisierten Systemen wissenschaftlicher Information oder besonderen Leitungsinformationsdiensten bereitgestellt werden können. Die Untersuchung der informationellen Gewährleistung von Leitungsprozessen, darunter solchen der Wissenschaftsleitung, gehört zum Aufgabenbereich der Leitungswissenschaft.

Die in der menschlichen Gesellschaft fließenden Informationsströme, die zum überwiegenden Teil aus „nichtwissenschaftlicher" (nicht „unwissenschaftlicher") Information bestehen, werden von einem weiten Kreis unterschiedlicher gesellschaftswissenschaftlicher Disziplinen erforscht. Mit ihnen steht die „Wissenschaft von der wissenschaftlichen Information", die Informatik, in enger Wechselbeziehung, ohne sie jedoch zu verdrängen oder sich unterzuordnen.

Die sorgfältige Abgrenzung des Gültigkeitsbereiches von „wissenschaftliche Information" ist eine wichtige Voraussetzung für die Erkundung und Beherrschung des schon erwähnten Bereiches der Realität, welcher die Bezeichnung „System der wissenschaftlichen Kommunikation" trägt. Allein diese Herangehensweise erscheint nach Auffassung des Autors der Entwicklung solcher Wissenschaften angemessen, deren Forschungsobjekte sehr komplexe Systeme der gesellschaftlichen Wirklichkeit sind. Das „Phänomen Information" hat sich bislang dem ersten Ansturm überoptimistischer Erklärungsversuche entzogen. Nur die gründliche Untersuchung einzelner seiner Aspekte verspricht zum gegenwärtigen Zeitpunkt theoretisch gesicherte und praktisch bedeutungsvolle Resultate.

Einer dieser Aspekte ist derjenige der wissenschaftlichen Information. Seine Beherrschung wird der Wissenschaft zunehmend helfen, mit höherer Effektivität zu funktionieren, auf dem intensiven Entwicklungsweg voranzukommen und ihre Mission als wichtigster Intensivierungsfaktor für die gesellschaftliche Produktion zu erfüllen.

Die vorliegende Arbeit verfolgt zunächst das Ziel, die Wesenszüge des Problems der wissenschaftlichen Information und erkennbare Lösungswege darzulegen. Dazu wird es vom Gesamtproblem des „Phänomens Information" separiert. Mit diesem Problem befassen sich zahlreiche Wissenschaften, voran die Philosophie, wobei dort unter Information eine allgemeinwissenschaftliche Kategorie verstanden wird.

Das Problem der wissenschaftlichen Information berührt viele Natur- und Gesellschaftswissenschaften, die ihre spezifischen Beiträge zur Lösung leisten. In dieser Schrift wird den Disziplinen *Informatik, Wissenschaftswissenschaft und Kybernetik* und deren Wechselbeziehungen in bezug auf das Problem der wissenschaftlichen Information besondere Aufmerksamkeit geschenkt.

Bei der Behandlung von Grundlagen und Formen der modernen wissenschaftlichen Informationstätigkeit wird die herausragende Bedeutung des Rechners (Computers) berücksichtigt. Das bezieht sich auf dessen Einsatz in großen Informationssystemen und -diensten und auf die Verwendung in der sich entwickelnden Informationsforschung. Die *Informatikforschung* an großen Informationsmassiven – am „Weltfundus des Wissens" – wird als perspektivreich hervorgehoben.

Bei der Behandlung der gegenwärtig leistungsfähigsten automatisierten Systeme wissenschaftlicher Information werden diejenigen Informationssysteme herausgestellt, welche die Prozesse der wissenschaftlichen Kommunikation, besonders in den sozialistischen Ländern, in wachsendem Maße bestimmen werden. Die sozialistischen Länder folgen bei der Erschließung und

Nutzung der wissenschaftlichen Information nicht dem Beispiel profitorientierter Systeme kapitalistischer Länder.

Die Arbeit schließt ab mit der Darlegung von Tendenzen der Entwicklung des Systems der wissenschaftlichen Kommunikation und mit der Beschreibung der Auswirkungen, welche diese Entwicklung auf die Technologie der Forschung, auf Entscheidungen forschungsleitender Organe und auf den einzelnen Wissenschaftler bei der Herausbildung neuer Verhaltensweisen im Umgang mit wissenschaftlicher Information haben kann.

Die Erfahrungen des Autors mit einer früheren Publikation für Studenten der Technischen Universität Dresden [10] haben ihn bewogen, eine Darstellung des Problems der wissenschaftlichen Information vorrangig für den in naturwissenschaftlichen und technischen Bereichen tätigen Forscher zu geben. Allerdings zwang der große Umfang des Gebietes zum Verzicht auf die Behandlung vieler Fragen und Probleme, deren Gewicht damit selbstverständlich nicht gemindert werden sollte. Dazu gehören beispielsweise linguistische Fragen, Probleme der quellenorientierten und Fakten-Informationsrecherchesysteme. Das betrifft das weite Feld der Anwendungsprinzipien und Wirkungsweisen der technischen Mittel zur Informationsverarbeitung. Darunter fallen Aussagen der Philosophie, Soziologie, Psychologie, Bibliothekswissenschaft, Bibliographie und anderer Gebiete wie dem der Leitungswissenschaft, auf denen eine gegenwärtig kaum überschaubare Literatur zum Problem der wissenschaftlichen Information entstanden ist.

Der Verfasser kommt aus der experimentellen (kernphysikalischen) Forschung. Das spiegelt sich in der Auswahl und Darstellung des Stoffes wider. Gerade dadurch hofft der Autor, dem Leser bei der Bewältigung seiner Informationsprobleme wirksam helfen zu können, auch wenn diese Hilfe beim gegenwärtigen Stand der Dinge nicht in Form eines Lehrgebäudes dargeboten werden kann. Die Diskussion über die Problematik der wissenschaftlichen Information ist überall in der Welt im Gange. Diese Schrift soll dazu ein Beitrag sein. Das Vertrautsein des Wissenschaftlers mit dem Stand und der Art dieser Diskussion erleichtert ihm die kritische Bewertung der praktischen Erkenntnisse, welche ihm die vorliegende Arbeit zur Verbesserung seiner eigenen Technologie des Forschens vermitteln will – eingedenk einer Maxime G. Ch. LICHTENBERGS: „Wenn man die Menschen lehrt *wie* sie dencken sollen und nicht ewig hin, *was* sie dencken sollen: so wird auch dem Misverständniß vorgebeugt. . . . Man kann nicht vorsichtig genug seyn in Bekanntmachung eigner Meinungen, die auf Leben und Glückseeligkeit hinaus laufen, hingegen nicht emsig genug, Menschen-Verstand und Zweifel einzuschärfen."[3]

3 Aus [11], Aphorismus Nr. F 438. Hervorhebungen von G. Ch. LICHTENBERG.

Die Entstehung des Manuskriptes wäre ohne die ungewöhnliche, unermüdliche kritische Betreuung durch die Mitglieder des Herausgeber- und Redaktionskollegiums der „Beiträge zur Forschungstechnologie", vor allem durch den Vorsitzenden Dr. G. LOTZ, nicht möglich gewesen. Ihnen ist der Autor zu größtem Dank verpflichtet.

Die Behandlung des vielschichtigen Problems der wissenschaftlichen Information wurde durch ermutigende und kritische Hinweise vieler Spezialisten aus den unterschiedlichsten Gebieten unterstützt. Dafür dankt der Autor in besonderem Maße Dr. A. I. ČERNYJ (Moskau), dem Ordentlichen Akademiemitglied Prof. Dr. sc. H. DAVID, Prof. Dr. H. FAULSTICH, Prof. Dr. habil. H. FELKE, Dr. S. A. GAVRILOVA (Moskau), Dr. R. S. GILJAREVSKIJ (Moskau), dem Ordentlichen Akademiemitglied Prof. Dr. habil. Dr. h. c. P. GÖRLICH, Dr. sc. H.-J. MANECKE, Prof. Dr. E. MATER, dem Korrespondierenden Akademiemitglied Prof. Dr. habil. H. MEISSNER, Prof. Dr. A. I. MICHAJLOV (Moskau), Dr. B. MILLIK, Prof. Dr. sc. G. O. MÜLLER, Dipl.-Ing. H. OCH, Prof. Dr. habil. M. PESCHEL, Dr. R. SCHRAMM, Dr. W. SCHULZE, Prof. Dr. sc. H. STAHN, Prof. Dr. habil. M. VORWERG und Prof. Dr. habil. F. WEBER.

Umfassende Förderung erfuhr die Arbeit durch das Korrespondierende Akademiemitglied Prof. Dr. G. FLACH. Der Autor bedankt sich gleichfalls bei seiner Frau Natalja für die umfangreiche redaktionelle Unterstützung, die sie dem Manuskript zuteil werden ließ.

Für die freundliche Genehmigung zur Benutzung von Bildmaterial sei Prof. Dr. D. J. DE SOLLA PRICE (New Haven), dem Ordentlichen Akademiemitglied Prof. Dr. sc. H. DAVID, dem Zentralen Archiv der Akademie der Wissenschaften der DDR und dem E. A. SEEMANN Verlag Leipzig gedankt.

2. Das Problem der wissenschaftlichen Information

„Information ist Information,
nicht Stoff und nicht Energie."
Norbert WIENER[4]

2.1. Phänomen Information

Was ist Information? Noch bis in die Mitte des 20. Jahrhunderts hinein enthielt die Antwort der Konversationslexika auf diese Frage nur wenige Wörter.[5] Innerhalb weniger Jahrzehnte hat sich die Situation völlig gewandelt. Die Information hat einen beachtlichen Platz in den Wörterbüchern vieler Gebiete eingenommen [17–23]. Das Fachwörterbuch der Informatik zählt nicht weniger als 160 Begriffe, die von informatio (lat.) abstammen [24]. Zahlreiche einführende Werke sind geschrieben worden [25–31].

Wie diese jüngste Entwicklung der Informationsproblematik verlief, zeichnet B. V. BIRJUKOV nach:

> „Der Begriff Information fand Eingang in die Wissenschaft vor allem über die Informationstheorie, deren wichtigster Schöpfer C. SHANNON war. Die Impulse zur Schaffung dieser Theorie gingen zunächst vom praktischen Bedürfnis der Nachrichtenübermittlung auf technischen Übertragungskanälen aus. Aber die Begriffe dieser Theorie (und auch die von ihr inspirierten Begriffe) überschritten rasch nicht nur die Grenzen der Nachrichtentechnik, sondern auch die der Kybernetik und begannen in die unterschiedlichsten Wissenschaften von der belebten und unbelebten Natur einzudringen – in die Physik, Chemie, Geologie, Biologie, Ökonomie, Rechtswissenschaft, Linguistik, Psychologie, Ästhetik und Logik. Die Informationstheorie selbst wandelte

4 „Das mechanische Gehirn scheidet nicht Gedanken aus, wie die Leber den Gallensaft ausscheidet, wie die früheren Materialisten annahmen, auch liefert sie diese nicht in Form von Energie, wie der Muskel seine Aktivität hervorbringt. Information ist Information, nicht Stoff und nicht Energie. Ein Materialismus, der dieses nicht berücksichtigt, kann heute nicht lebensfähig sein" ([12], S. 192).

5 1840: „Information. Unter Information versteht man in juristischer Beziehung theils überhaupt rechtliche Belehrung, theils insbesondere die Instruction, die an Jemanden ertheilt wird, um ihn über die thatsächlichen Grund-

sich. Es entstand eine ganze Familie von Informationstheorien, von denen die einen genetisch der Anfangskonzeption von SHANNON verbunden blieben, die anderen gerade deren Beschränkungen zu überwinden trachteten und bestrebt waren, durch informationelles Herangehen solche Phänomene wie Bedeutung und Wert von Nachrichten zu erfassen, die naturgemäß außerhalb der Reichweite der SHANNONschen Methoden geblieben waren. Wenn man die Anwendungsgebiete dieser Theorien und besonders den Platz betrachtet, welchen in der Kybernetik die Fragen der Speicherung, Verarbeitung und Nutzung von Informationen einnehmen, dann drängt sich der Schluß auf, daß wir Zeugen der Herausbildung einer neuen Forschungsmethode, der informationstheoretischen Forschungsmethode sind" ([31], S. 219).

Information ist nicht an kybernetische Systeme gebunden, es gibt sie auch in der unbelebten Natur. V. M. GLUŠKOV bemerkt hierzu:

„Information existiert insofern, als die materiellen Körper selbst und die von ihnen erzeugten Inhomogenitäten existieren. Jedwede Inhomogenität ist Trägerin einer bestimmten Information" ([32], S. 53).

Information spiegelt also die Mannigfaltigkeit realer Objekte wider. Da Widerspiegelung nach W. I. LENIN eine der allgemeinsten Eigenschaften der Materie ist,[6] kann der Zusammenhang der Information mit der philosophischen Kategorie der Widerspiegelung und damit der objektive Charakter der Information im dialektisch-materialistischen Sinn nachgewiesen werden. Die Information ist zu einer allgemeinwissenschaftlichen Kategorie, die informationstheoretische Methode zu einer allgemeinwissenschaftlichen Methode geworden; dabei ist das informationelle Vorgehen in den Einzelwissenschaften nicht nur unter dem Einfluß der Kybernetik, sondern auch unter der „methodologischen Kontrolle" der Kategorie Widerspiegelung erfolgt ([27], S. 227).

Zwei Momente des Phänomens Information haben offenbar die Auseinandersetzung mit philosophischen und einzelwissenschaftlichen Informationsproblemen besonders beschleunigt.

lagen zu einem in Frage stehenden Verfahren in Kenntniß zu setzen" [13].
1894: „Information (lat.), Unterricht, Anweisung, Auskunft" [14].
1931: „Information (lat.), Belehrung, Anweisung; Auskunft" [15].
1954: „Information (lat.), Belehrung, Anweisung; Auskunft" [16].

6 W. I. LENIN: „... (es ist aber logisch, anzunehmen, daß die ganze Materie eine Eigenschaft besitzt, die dem Wesen nach der Empfindung verwandt ist, die Eigenschaft der Widerspiegelung);" ([33], S. 85).

Einmal war es die Frage, ob die Information Zugang zu etwas Drittem, jenseits von Materialismus und Idealismus Liegendem böte. Diese Frage ist von der marxistischen Philosophie umfassend erforscht und beantwortet worden [29]. Zum anderen war es die von der SHANNONschen Informationstheorie ausgehende Verlockung „Information ist meßbar!"[7] Die grundlegende Arbeit C. SHANNONS [34] erschien 1948, im selben Jahre wie N. WIENERS „Cybernetics" [12]. Die wissenschaftliche Öffentlichkeit hatte einige Jahre lang von ihr kaum Notiz genommen. Als aber die bedeutsame Idee vom Maß der Information allmählich bekannt wurde, entdeckten die unterschiedlichsten Wissenschaften ihre Informationsprobleme und versuchten sie mit informationstheoretischen Mitteln zu lösen. C. SHANNON selbst hatte zwar in wissenschaftsgeschichtlich wohl präzedenzloser Weise davor gewarnt, seine Theorie in Gebieten einzusetzen, für die sie nicht geschaffen ist (vgl. [35], S. 5–14), dennoch vollzog sich weltweit ein Experiment, das auf die Überprüfung der Tragfähigkeit informationstheoretischer Ansätze in vielen Natur- und Gesellschaftswissenschaften hinauslief.

Die technische Seite dieses Experiments war vor allem von der elektronischen Rechentechnik bestimmt. Der Computer erschloß völlig neue Gebiete in Wissenschaft, Technik und Volkswirtschaft. Hier sei vor allem auf die Fortschritte bei der Informationsverarbeitung im wissenschaftlichen Experiment [36] und bei der Automatisierung körperlicher und geistiger menschlicher Tätigkeiten hingewiesen [37].

Es gibt aber auch Gebiete, auf denen die bisherigen informationstheoretischen Ansätze und die technischen Möglichkeiten für die Erzielung von Fortschritten prinzipiell nicht ausreichen. Das sind beispielsweise solche, in denen es um die Beherrschung großer sozialer Systeme – etwa der Wissenschaft – geht, in denen der bewußt handelnde Mensch wesentlicher und unverzichtbarer Bestandteil ist.

Zu den Problemen, die einer schnellen Lösung nicht zugänglich waren, gehört das Problem „Wissenschaftliche Forschung und wissenschaftliche Information", hier kurz „Problem der wissenschaftlichen Information" genannt.

2.2. Informationslawine

Zu den beeindruckendsten Erscheinungsformen des Problems der wissenschaftlichen Information gehört die hohe Wachstumsrate der wissenschaftlichen Literatur. Es gibt kaum eine Darstellung dieses Problems, die nicht mit einer Schilderung der gegenwärtigen Informationsflut, -lawine, -explosion,

7 Das SHANNONsche Informationsmaß wird in Abschnitt 5.2. abgeleitet.

ja des Informationschaos begänne [25, 38–43]. In zahlreichen Werken über die Wissenschaft wird ausführlich darauf eingegangen [23, 44–48]. Viele Autoren heben diese Erscheinungsform besonders hervor und drücken ihre Sorge um die Effektivität, Weiterentwicklung, ja um den Fortbestand der Wissenschaft überhaupt aus.

Wenn an dieser Stelle auch ältere Äußerungen angeführt werden, so stehen diese nicht im Widerspruch zu der Feststellung, daß das Problem der wissenschaftlichen Information erst in unserem Jahrhundert entstanden ist, sondern bezeugen den auch heute gültigen Anspruch jedes Wissenschaftlers, einen möglichst großen Teil des Gesamtgebäudes des Wissens überschauen zu können.

Im Jahre 1613 beklagte sich der englische Autor B. RICH:

> „Eine der Krankheiten dieser Zeit ist die Vielzahl von Büchern; sie überladen die Welt so sehr, daß man die Menge der eitlen Ideen nicht mehr verdauen kann, die jeden Tag ausgebrütet und in die Welt gesetzt werden" (nach [46], S. 63).

1668 teilt G. W. LEIBNIZ in einem Brief Kaiser Leopold in Wien mit, daß alljährlich einige Hundert neue Bücher auf der Frankfurter Oster- und Herbstmesse herauskommen:

> „Dadurch aber endlich alle Wissenschaften und Fakultäten dergestaltet überhäuft werden, daß man schon allbereit nicht mehr weiß, was man in solcher Menge brauchen und wo man ein jedes suchen solle" (nach [49], S. V).

Es ist bemerkenswert, daß der Chemiker W. OSTWALD bereits im Jahre 1919, vermutlich als erster Wissenschaftler, eine geschlossene Konzeption zur Lösung des Problems der wissenschaftlichen Information vorgelegt hat [50]. Er blieb nicht bei der Feststellung stehen, „daß die Aufbewahrung und Ordnung des in stürmischer Fülle hereinströmenden wissenschaftlichen Gutes sehr schwierig und täglich umso schwieriger wird, als die bisherigen Betriebsformen für derartige außergewöhnliche Verhältnisse nicht geschaffen worden sind, und sich ihnen auch noch nicht genügend angepaßt haben" ([50], S. 7). W. OSTWALD erkannte vielmehr in den widersprüchlichen Erscheinungen, darin, daß „gegenwärtig die *Produktion* neuer Wissenschaft die bereits geschilderten ungeheuren Dimensionen angenommen hat, während die zugehörige Ausbildung der *Assimilation* innerhalb der gesamten Angehörigen unserer Wissenschaft kaum bisher Gegenstand ernsthafter und methodischer Betrachtungen gewesen ist" ([50], S. 94), eine wissenschaftliche Problematik ganz neuer Art.[8]

8 Vgl. auch [51]. Mehrere bedeutsame Schriften W. OSTWALDS zur wissenschaftlichen Publikationsproblematik sind in den Sonderband 1 der „Beiträge zur Forschungstechnologie" aufgenommen worden ([52], S. 127–146).

Im Jahre 1965 führte A. N. NESMEJANOV (im Vorwort zu [39]) einen hypothetischen Chemiker an, der dreißig Sprachen einwandfrei beherrscht und in der Woche vierzig Stunden lang stündlich vier Arbeiten von beruflichem Interesse durchliest. Dieser hätte im Jahre 1964 dennoch lediglich ein Zwanzigstel des Schrifttums bewältigen können.

M. STEENBECK verwies darauf, daß ein Forscher auch bei stärkster Spezialisierung alle Arbeiten seines Fachgebietes ohne weiteres nicht einmal auffinden könne. Andererseits gehe die Spezialisierung so weit, „daß die meisten der Arbeiten nur noch von vielleicht je hundert Wissenschaftlern insgesamt auf der Erde durchgearbeitet werden, bevor die Resultate ohnehin veralten" ([53], S. 76).

K. SCHWABE hat seine Erfahrungen mit dem Problem der wissenschaftlichen Information mehrfach mitgeteilt [54, 55]. Auch er ist über die Folgen der Tatsache beunruhigt, daß Spezialisten nicht einmal mehr Teildisziplinen zu überblicken oder zu ordnen vermögen, und zieht u. a. den Schluß:

> „Allzuvieles wird publiziert, was weder neu noch wissenschaftlich wertvoll ist. Da aber Neuheit und Wert nur von wenigen Fachleuten beurteilt werden können, gehen Publikationen von Belang in der unübersehbaren Flut des Schrifttums unter" [55].

R. ROMPE hat die Bedeutung der Rezeptionsfähigkeit für die Ergebnisse der Weltwissenschaft, für den Weltfundus des Wissens, häufig betont und, ähnlich wie viele Forscher mit jahrzehntelanger wissenschaftlicher Erfahrung, seine Besorgnis zum Ausdruck gebracht:

> „Es wächst das unverarbeitete Wissen in einer Breite, die nicht vertretbar ist. Ernstzunehmende wissenschaftliche Gruppen haben sich dagegen abgeschirmt, sie finden Kommunikationsformen, die auch heute einen schöpferischen Austausch gestatten, aber das ist kein Ausweg, sondern nur ein Notbehelf" [56].

Verständnis und Verantwortung für die krisenhafte Informationssituation entwickeln sich im allgemeinen beim Wissenschaftler erst, wenn seine Erfahrung und der Umfang der Kollektive, die er leitet, zunehmen. Junge Wissenschaftler dagegen nehmen von der wissenschaftlichen Information nur das zur Kenntnis, was sie auch zeitlich bewältigen können, engen ihr Aufgabengebiet ein und werden so zu Analphabeten schon auf dem unmittelbaren Nachbargebiet. Analphabeten aber sind durch keine Informationsexplosion zu erschüttern.

Die Wissenschaft als Ganzes hat offenbar lange Zeit ähnlich reagieren können. Sie nutzte Spezialisierung und Differenzierung als eine Art Selbstschutz ([48], S. 60) gegen die Informationslawine. Heute ist dieses Mittel völlig unzureichend, weil die noch so starke Einengung eines Gebietes nicht mehr dazu führt, daß die Menge der wissenschaftlichen Information auf diesem Gebiet unter der Schwelle der Bearbeitbarkeit durch den Wissenschaftler bleibt [57].

Angesichts dieser Situation verdienen alle Diskussionen zur Sache kritische Beachtung. Es liegt jedoch offensichtlich an der Komplexität des Problems der wissenschaftlichen Information, daß dabei Fehleinschätzungen durch Wissenschaftler, deren Autorität auf ihrem Gebiet unumstritten ist, sehr häufig sind.[9]

Eine der international bedeutendsten Einschätzungen gibt der WEINBERG-Bericht [59][10]. Seine Empfehlungen sind noch heute wichtig:

> „Die technische Gemeinschaft muß erkennen, daß der Umgang mit technischer Information ein bedeutender und wesentlicher Teil der Wissenschaft ist.
> Jeder wissenschaftliche Autor muß sich stärker verantwortlich fühlen im Hinblick auf das spätere Wiederauffinden seiner Publikationen.
> Die modernen Methoden der Informationstechnik müssen den Wissenschaftlern und Ingenieuren vertraut sein.
> Die technische Gemeinschaft muß neue Austauschmethoden entwikkeln und benutzen."

Der Bericht war ein Signal. Die Entwicklung einer „Industrie der Information" [60] in den USA mit vielen leistungsfähigen rechnergestützten Informationssystemen verdankt ihm starke Impulse.

9 So kommt es nicht selten zu Empfehlungen, wie das Problem der wissenschaftlichen Information „ganz einfach" zu lösen sei. Die Breite der Skala solcher Empfehlungen kann nur angedeutet werden. „Rationell lesen" (vgl. [58]) kann die Effektivität geistiger Arbeit steigern, aber das Informationsproblem ist dadurch nicht zu lösen. „Weniger schreiben" – dieser Ratschlag übersieht, daß der heutige Wissenschaftler im Mittel auch nicht mehr schreibt als seine Vorgänger, nur nimmt die Anzahl der Wissenschaftler so stark zu. „Keine neuen Zeitschriften gründen" – diese Verbotsforderung läßt unbeachtet, daß die Zeitschriften im System der wissenschaftlichen Kommunikation eine wesentliche Funktion haben. Ein Weltkongreß der Bibliotheksdirektoren, zu dem jeder mit seiner eigenen Bibliothek anreist (holografisch gespeichert) ist im Prinzip denkbar, aber die räumliche Verkleinerung in Informationsmassiven bedenkt nur die räumlichen Aspekte der Informationssituation. Es gibt auch Vorschläge, die Menschheit möge eine Pause einlegen und erst einmal den Wissenschaftsorganismus in Ordnung bringen (R. OPPENHEIMER: „Wir brauchen heute neues Wissen so dringend wie ein Loch im Kopf" (nach [48], S. 54)).

10 A. M. WEINBERG, langjähriger Direktor des Oak Ridge National Laboratory, war Vorsitzender eines Komitees, das 1963 den Bericht über die Informationssituation für die amerikanische Regierung auszuarbeiten hatte.

Die Äußerungen und Empfehlungen hervorragender Wissenschaftler zeigen, daß das Problem der wissenschaftlichen Information mit der Bewältigung großer und ständig zunehmender Informationsmengen verknüpft ist. Also ist es lediglich ein Problem der großen Zahl? Diese Frage ist nachdrücklich zu verneinen. Im selben Jahr, in dem der WEINBERG-Bericht erschien, meldete D. J. DE SOLLA PRICE bereits Bedenken gegen die weitere extensive Entwicklung des Wissenschaftsbetriebes an, nicht zuletzt auf Grund umfangreichen Materials über die Entwicklung der wissenschaftlichen Literatur [46]. Die bisherige extensive Entwicklung der Wissenschaft hat das Problem der wissenschaftlichen Information besonders deutlich hervortreten lassen, keineswegs aber alle seine Wurzeln freigelegt. Nach wie vor besteht die Situation, daß die Wissenschaft, im Überfluß an Information lebend, zugleich an Informationshunger leidet. J. KUCZYNSKI: „Mit einem Worte: wir sind noch völlige Laien auf diesem Gebiet! Und das in einer Zeit, die nach einer Intensivierung der wissenschaftlichen Entwicklung mit allergrößter Dringlichkeit verlangt, weil wir nicht mehr auf dem bisherigen, jahrhundertealten Weg der vornehmlich expansiven Entwicklung weitergehen können! Wenn wir nicht endlich den Fragen der Intensivierung der wissenschaftlichen Entwicklung mehr Aufmerksamkeit widmen, dann wird aus der Krise der extensiven Entwicklung eine Krise der Wissenschaft überhaupt werden" ([48], S. 72).

Der intuitiv scheinbar so klare Begriff der Information erweist sich, wie im Abschnitt 2.1. skizziert, als kompliziert und wichtig für alle Wissenschaften. Die Untersuchungen der marxistisch-leninistischen Philosophie wirken befruchtend auf die Einzelwissenschaften zurück. Die folgende Aussage von A. D. URSUL umfaßt in vollem Maße auch die Situation, in der sich das Problem der wissenschaftlichen Information gegenwärtig befindet:

> „Die Überwindung der ‚Informationskrise' – das ist ein komplexes soziales Problem der wissenschaftlich-technischen Revolution. Es schließt in sich sowohl die Entwicklung der Fähigkeiten des Menschen zur Aufnahme und Verarbeitung von Informationen, als auch die Schaffung der entsprechenden technischen Mittel zur Nutzung der Informationen und die weitere Vervollkommnung der sozialen Beziehungen ein. Die wissenschaftlich-technische Revolution verschiebt also die Interessen der Wissenschaft wesentlich in Richtung der Erforschung und Nutzung der Informationsprozesse in der Wissenschaft selbst, aber auch in der Technik, in der Produktion und in anderen Bereichen menschlicher Tätigkeit. Der zukünftige wissenschaftliche Fortschritt und der Fortschritt der Produktion ist heute schon nicht mehr vorstellbar ohne die optimale Organisation der Prozesse, in denen sich Information bewegt" ([28], S. 191).

Die schnelle Lösung des Problems der wissenschaftlichen Information kann nicht von wenigen Informationsspezialisten herbeigeführt werden. Sein komplexer Charakter erfordert die Hinzuziehung von Vertretern vieler Wissenschaften und wissenschaftlicher Disziplinen.

2.3. Komplexität des Problems der wissenschaftlichen Information

An der Überwindung des Zurückbleibens des Systems der wissenschaftlichen Kommunikation hinter der Entwicklung der Wissenschaft werden die wissenschaftlichen Disziplinen Informatik, Kybernetik und Wissenschaftswissenschaft besonderen Anteil haben. Die Herausbildung dieser relativ jungen Disziplinen fällt zeitlich mit dem Akutwerden des Problems der wissenschaftlichen Information zusammen. Ihre Hervorhebung bedeutet nicht, daß andere Wissenschaften, beispielsweise die Bibliothekswissenschaft, bedeutungslos geworden seien.[11] Noch weniger wäre es angebracht, bei der Suche nach Lösungen für das Problem der wissenschaftlichen Information von einer Hierarchie von Wissenschaften oder wissenschaftlichen Disziplinen auszugehen. Die Komplexität des vorliegenden Problems macht es im Grunde notwendig, die eigentümliche Dialektik von Durchdringung und Abgrenzung aller beteiligten Disziplinen zu begreifen und darzustellen. Die Beschränkung auf drei Disziplinen hat vor allem den Sinn, die Übersichtlichkeit der Darstellung des Problems zu gewährleisten, auch wenn selbstverständlich dem Autor die Beteiligung gerade dieser Disziplinen gegenwärtig als besonders bedeutsam erscheint. Das schließt jedoch keinesfalls aus, daß schon in naher Zukunft andere Disziplinen wie z. B. die Linguistik oder die Psychologie stärker in den Vordergrund treten könnten.

Die in der Übersicht 1 dargestellte Matrix enthält in gedrängter Form Aussagen über die Wechselbeziehungen von Informatik einerseits und Kybernetik und Wissenschaftswissenschaft andererseits: (I, K), (I, W), (K, I), (W, I). Dabei ist sinngemäß zu lesen (I, W): „Was gibt die Informatik der Wissenschaftswissenschaft?" Die entsprechenden Beziehungen zwischen Kybernetik und Wissenschaftswissenschaft werden in dieser Schrift nicht behandelt. Die in der Matrix angegebenen Probleme und Begriffe lassen sich nicht logisch auseinander ableiten. Daraus folgt, daß die Matrix kein Leitfaden für eine sich zwingend ergebende Darstellungsweise sein kann; sie ist als Orientierungshilfe geeignet, den Zusammenhang zwischen den scheinbar sehr unterschiedlichen Kapiteln dieser Schrift deutlich zu machen.

11 Auf die engen Beziehungen der Informatik zur Bibliothekswissenschaft hat kürzlich R. S. GILJAREVSKIJ nachdrücklich hingewiesen [61].

Übersicht 1
Zusammenwirken von Informatik, Kybernetik und Wissenschaftswissenschaft bei der Lösung des Problems der wissenschaftlichen Information

	I	K	W
I	I, I Informatik (3, 9) Begriffsbestimmung (3)	I, K Anforderungen an technische Mittel der wissenschaftlichen Kommunikation (7, 10)	I, W Anwendung von Methoden der Informatik auf die Untersuchung von Metainformation mit dem Ziel, Aussagen über die Wissenschaftsentwicklung und für die Wissenschaftsleitung zu erhalten (9) Zitierindex (6)
K	K, I Systemaspekt, Informationsaspekt, statistische Informationstheorie (5) Rechner (7) Methoden der Systemanalyse (9)	K, K Kybernetik (5) Begriffsbestimmung (5)	K, W
W	W, I Wissenschaft wird Hauptproduktivkraft Informationsmodell der Wissenschaft Wissenschaft entwickelt sich beschleunigt (4)	W, K	W, W Wissenschaftswissenschaft (4) Begriffsbestimmung (4)

I Informatik, K Kybernetik, W Wissenschaftswissenschaft.
Die Zahlen in Klammern geben die Kapitel an, in denen die entsprechenden Begriffe und Probleme vorkommen.

3. Wissenschaftliche Kommunikation

„Die Umgangssprache (natürliche Sprache) ist und bleibt die Muttersprache aller anderen Sprachen; man kann mit ihr über alles denken."
Rainer THIEL ([62], S. 9)

3.1. Elementarform und System der wissenschaftlichen Kommunikation

Alle wissenschaftliche Kommunikation läßt sich – in welch komplizierter Form sie auch immer vonstatten geht – auf eine elementare Form zurückführen: auf das persönliche Gespräch, den Dialog. Elementar ist diese Form jedoch nur in dem Sinn, als Kommunikation zwischen weniger als zwei Personen nicht möglich ist. Die elementare Form ist zugleich die komplizierteste und effektivste. Kompliziert, weil es um die intellektuelle Wechselwirkung zweier Menschen geht, von Vertretern des höchstentwickelten Systems also, das die Natur in Jahrmillionen hervorgebracht hat, eines Systems, das denkt, lernt und kommuniziert. Effektiv, weil die natürliche Sprache, deren sich die Gesprächspartner zu bedienen pflegen, wie kein anderes Mittel geeignet ist, den Prozeß des wechselseitigen Denkens und Lernens zu beeinflussen, weil ihre Weitschweifigkeit und ausdrucksstarke Vielfalt eine optimale Anpassung der Partner aneinander und an den Gesprächsgegenstand zu erreichen gestatten.[12]

Einen Maßstab für die Übertragung von Wissen gibt es nicht [64]. Fest steht nur: etwas, das sich im Gehirn eines Menschen vollzogen hat und zunächst nur für diesen merkwürdig, des Merkens würdig ist, wird auf einmal mitteilungswürdig, und das „Mit ... teilen" ist erst vollendet, wenn in einem Akt der Kommunikation im Gehirn eines anderen Menschen ein neues merkwürdiges Stück Wissen Platz genommen hat.

Die Unerforschtheit dieser Prozesse bedingt, daß sich Sinn und Zweck wissenschaftlicher Kommunikation allenfalls symbolhaft (Abbildung 1)[13] ausdrücken lassen. Es mag aber nützlich sein, solch ein Symbol vor Augen

12 C. CHERRY: „Von allen Lebewesen hat der Mensch die kompliziertesten und anpassungsfähigsten Sprachsysteme entwickelt" ([63], S. 48).

13 Anregung zu dieser Art der Darstellung gab eine Arbeit von G. KRESZE [65].

Abb. 1. Die Physiker A. F. IOFFE und M. v. LAUE im Gespräch während der Jahrestagung und Theoretikerkonferenz der Physikalischen Gesellschaft der DDR, Leipzig 1958

zu haben, denn die Erscheinungsformen der modernen wissenschaftlichen Kommunikation haben anscheinend nur noch wenig von diesem Bild bewahrt.

Der Dialog repräsentiert die sog. *nichtformalen Kanäle* im System der wissenschaftlichen Kommunikation. Sie werden durch die sog. *formalen Kanäle* ergänzt, in denen schriftlich fixierte und der wissenschaftlichen Öffentlichkeit auch zugängliche wissenschaftliche Information zirkuliert. Nichtformale und formale Prozesse bilden zusammen die Prozesse der wissenschaftlichen Kommunikation.

Das System der wissenschaftlichen Kommunikation hat sich in Jahrhunderten gemeinsam mit der Wissenschaft entwickelt. Es verfügt über Eigenschaften und entwickelt sich nach Gesetzmäßigkeiten, auf die vor allem A. I. MICHAJLOV, A. I. ČERNYJ und R. S. GILJAREVSKIJ hingewiesen haben: es ist ein offenes System und besitzt innere Mechanismen, die es gegen äußere Einwirkungen relativ unempfindlich machen; es hat die Eigenschaft der Integriertheit, das bedeutet, daß kein Teil des Systems ohne Gefahr für das ganze System aus diesem herausgebrochen werden kann; schließlich ist das System am stabilsten, wenn sich bestimmte hierarchische Strukturen eingestellt haben ([30], S. 63 ff.).

Angesichts solcher Eigenschaften dieses historisch gewachsenen Systems steht außer Zweifel, daß wertvolle Erkenntnisse über das Wesen der Informationsproblematik bei der Erforschung der historischen Entwicklung des Systems der wissenschaftlichen Kommunikation gewonnen werden können.

3.2. Little information, big information

Der erste formale Kommunikationskanal entstand, als der Mensch daran ging, wissenschaftliche Information auf einem physikalischen Träger zu fixieren (Stein, Ton, Papyrus). Den wohl wichtigsten Fortschritt stellte dann GUTENBERGS Erfindung (um 1440) dar, mit Hilfe beweglicher Lettern Bücher in großer Auflage zu drucken.

Durch das Buch empfingen die Gelehrten das Wissen früherer Generationen, mit ihren eigenen Büchern bereicherten sie selbst den Fundus des Wissens. Die Klagen eines RICH oder LEIBNIZ über die Vielzahl von Büchern zeigen, wie die Gelehrten in der Buch-Ära der wissenschaftlichen Kommunikation sich dagegen wehrten, die Möglichkeit einer Spezialisierung in der Wissenschaft ins Auge zu fassen. Wenigstens wollten sie den Überblick über die neuerschienenen Bücher nicht verlieren. Aber gerade dies drohte nach der Mitte des 17. Jahrhunderts, als in Europa die berühmten Gelehrtengesellschaften entstanden.

In dieser Zeit wurde die *wissenschaftliche Zeitschrift* erfunden. Am 5. Januar 1665 erschien in Paris die erste Nummer des *„Journal des Sçavans"* (Abbildung 2) und kurz darauf, am 6. März 1665, in London die erste Nummer der *„Philosophical Transactions"*. Diese Zeitschriften waren ursprünglich nicht für die Veröffentlichung von Originalbeiträgen vorgesehen. Vielmehr teilten die Herausgeber der Zeitschriften der gelehrten Welt diejenigen Ergebnisse und Begebenheiten der Wissenschaft mit, welche sie den Briefen von Gelehrten entnahmen, mit denen sie korrespondierten.

Vorbild für das wissenschaftliche Journal war die damals schon bestehende Zeitung, die „Presse", wie H. OLDENBURG[14] in der ersten Nummer der „Philosophical Transactions" schreibt:

14 H. OLDENBURG war Mitglied und Sekretär der Royal Society und gab die „Philosophical Transactions" privat und auf eigene Kosten heraus [66].

LE
IOVRNAL
DES
SÇAVANS

Du Lundy V. Ianvier M. DC. LXV.

Par le Sieur DE HEDOVVILLE.

A PARIS,
Chez IEAN CVSSON, ruë S. Iacques, à l'Image de S. Iean Baptiste.

M. DC. LXV.
AVEC PRIVILEGE DV ROY.

Abb. 2. Titelseite der ersten Nummer der ersten wissenschaftlichen Zeitschrift der Welt

„Weil es nichts Nothwendigeres giebt für die Beförderung von Fortschritten in den Philosophischen Angelegenheiten, als an diejenigen, welche auf jene ihr Studiren und Bemühen richten, solche Dinge zu communiciren, die von anderen entdeckt oder in die Praxis überführt worden; kann man es daher für füglich halten, die Presse zu verwenden, was der tauglichste Weg ist um jene zu erfreuen, deren Engagement in Solchen Studien und Freude am Fortschritte von Gelehrsamkeit und einträglichen Entdeckungen, sie wahrlich berechtigt zu wissen, was in diesem Königreiche, oder in anderen Theilen der Welt vor sich geht ..." [67].

Die Anzahl der neugegründeten wissenschaftlichen Zeitschriften wuchs schnell an.[15] Um 1800 mögen es bereits 1000 auf allen Wissensgebieten gewesen sein. Eine von D. J. DE SOLLA PRICE angegebene Wachstumskurve weist zeitweilig eine Verdopplungszeit von 15 Jahren aus ([68], S. 97).

Neben den Büchern mußten die Gelehrten nun auch noch die Zeitschriften ihres Fachs lesen. Allmählich wurde die Zeitschrift zum wichtigsten Kommunikationskanal. Der Umfang des Wissens, das ein einzelner noch zu überblicken vermochte (das bezieht sich auch auf die Herausgeber der ursprünglich allgemeinwissenschaftlich angelegten Periodika) wurde ein immer kleinerer Teil des Gesamtwissens. Die relative Anzahl der Fachkollegen, mit denen ein Wissenschaftler noch persönlich Kontakt haben konnte, ging ständig zurück.

Beinahe gleichzeitig mit den wissenschaftlichen Zeitschriften entwickelten sich „Zeitschriften über Zeitschriften", „Journale in der zweiten Potenz", die den Gelehrten das Lesen einer Vielzahl von Primärzeitschriften ersparen sollten. Die Geschichte der wissenschaftlichen Kommunikation verzeichnet keine Kluft zwischen der Gründung der ersten wissenschaftlichen Journale und der Gründung der ersten *Referateblätter.* Im Gegenteil – schon die ersten wissenschaftlichen Journale trugen Züge von Referateblättern, denn sie vermittelten in gedrängter Form Überblick über neuerschienene Bücher. Das 1830 gegründete „Pharmaceutische Central-Blatt" ist zweifelsfrei nicht das erste Referateorgan gewesen, die Geschichte der Sekundärzeitschriften läßt sich wesentlich weiter zurückverfolgen. So trägt beispielsweise das 1714 zum ersten Male erschienene Blatt mit dem Titel „Aufrichtige und Unpartheyische Gedancken, Über die JOURNALE, EXTRACTE und Monaths-Schrifften, Worinnen Dieselben extrahiret, wann es nützlich suppliret und wo es nöthig emendiret werden" (Abbildung 3) die wesentlichen Züge einer Sekundärzeitschrift [70].[16]

15 1831 schreibt das „Illinois Monthly Magazine": „Dies ist das goldene Zeitalter der Periodika. Nichts kann ohne sie getan werden. Sekten und Parteien, Wohltätigkeitsgesellschaften, geniale Individualisten, alle haben sie ihre Periodika. Wissenschaft und Literatur; Religion, Recht, Landwirtschaften und Künste versuchen auf diese Weise den öffentlichen Geist zu erleuchten. Jeder Mann und jede Partei, die eine neue Theorie zu verbreiten versuchen oder eine alte zu zerstören, beginnen ihre Operationen wie eine Kriegsbehörde mit der Gründung eines Magazins . . ." (nach [43], S. 35).

16 In der Vorrede erläutert der Herausgeber in Form eines Gespräches mit dem Leser diesem die Vorteile des neuen Journals: „Erstlich überhebe ich dich der Arbeit, daß du nicht alle Monathliche Schrifften dir anschaffen und durchlesen darfst: Vor das andere, will ich auch, wenn es nöthig und möglich ist, eine Collation der Recension mit denen recensirten Scriptis anstellen. Vor das dritte solst du eine genugsame Nachricht und Extract aus denen Extracten haben" [69].

Aufrichtige und Unpartheyische
Gedancken,
Uber
Die JOURNALE,
EXTRACTE
und
Monaths-Schrifften,
Worinnen
Dieselben extrahiret, wann es nützlich
suppliret und wo es nöthig emendiret
werden.
Nebst einer Vorrede von der Annehmlichkeit,
Nutzen und Fehler gedachter Schrifften.
Ex Ungvibus Leonem.
Erstes Stück.
Freyburg 1714.

Abb. 3. Titelseite einer der ältesten Sekundärzeitschriften

Seit mehr als zweieinhalb Jahrhunderten gehören nun schon *Primär- und Sekundärzeitschriften* zum Arsenal der wissenschaftlichen Kommunikation. Die Anzahl der wissenschaftlichen Periodika liegt jetzt zwischen 50 000 und 100 000. Genaue Zahlen sind nicht bekannt. Die Anzahl der Referateblätter beträgt etwa 1500 ([30], S. 237).

Die Entwicklung der wissenschaftlichen Kommunikation blieb bei den Referateblättern nicht stehen. Seit den fünfziger Jahren werden moderne technische Mittel, besonders solche der elektronischen Datenverarbeitung gegen die Informationsflut eingesetzt: *rechnergestützte Systeme wissenschaftlicher Information* entstehen. Eine schematische Darstellung der Entwicklung gibt Abbildung 4.

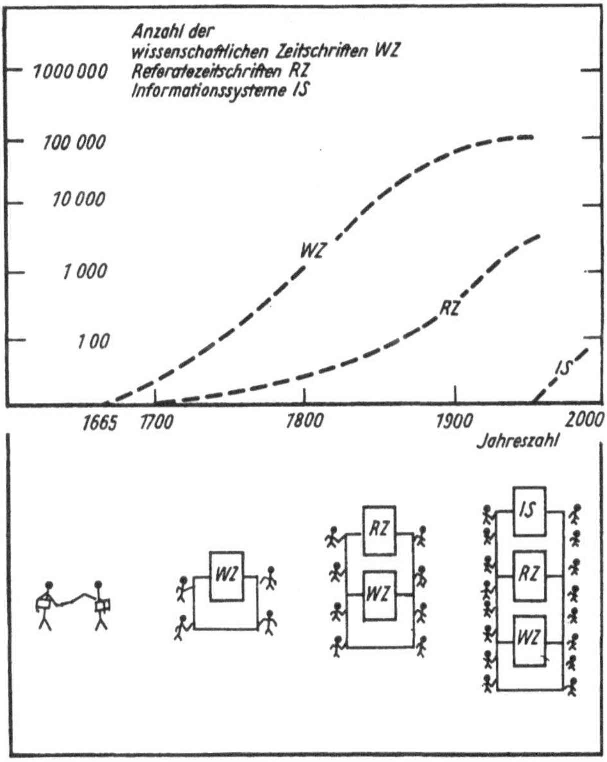

Abb. 4. Entwicklung des Systems der wissenschaftlichen Kommunikation

Ist mit den rechnergestützten Informationssystemen nur ein weiterer Kommunikationskanal gleichberechtigt neben Dialog, Buch, Zeitschrift, Referateblatt getreten oder wird dieser Kanal allmählich alle anderen verdrängen? Was folgt aus der Tatsache, daß in Minuten-, ja Sekundenschnelle beträchtliche Informationsmengen verarbeitet werden können? Eröffnen Computer und die modernen technischen Mittel[17] qualitativ neue Möglichkeiten für die wissenschaftliche Kommunikation und wird diese technische Entwicklung den Prozeß der Entstehung neuer Wissenschaftsgebiete – den Differenzierungsprozeß – noch mehr beschleunigen oder bieten sich erstmals effektive Möglichkeiten, den Integrationsprozeß zu unterstützen? Geht der Prozeß

17 Gedacht ist an die erstaunlich leistungsfähigen Einrichtungen für das Verkleinern, Kopieren und Herstellen gedruckter Texte sowie für die Informationsübertragung über große Entfernungen hinweg. Sie werden in dieser Schrift nicht behandelt.

des Auseinanderrückens der Wissenschaftler, der durch die Gründung von wissenschaftlichen und Referativ-Journalen nicht aufgehalten werden konnte, weiter oder steht die wissenschaftliche Kommunikation am Anfang einer völlig neuen Entwicklung?

Dem auf einem engen Spezialgebiet arbeitenden Wissenschaftler ist es gleichgültig, ob er 90 oder 99 990 Zeitschriften *nicht* verfolgen kann, ob er 50 oder 1450 Referateblätter *nicht* kennt, ob er sich mit 10 oder 400 Fachgebieten *niemals* wird beschäftigen können.[18] Er bemerkt vom Problem der wissenschaftlichen Information die äußeren Erscheinungsformen und sieht sich ihnen hilflos ausgeliefert. Für die Wissenschaft als Ganzes und für die Weiterentwicklung des Systems der wissenschaftlichen Kommunikation ist es aber entscheidend, daß es möglichst bald gelingt, in das *Wesen des Problems der wissenschaftlichen Information* einzudringen.

A. M. WEINBERG hat den Begriff „Big science" geprägt [72]. D. J. DE SOLLA PRICE verwendet ihn im Titel seines Buches „Little science, big science"[19]. Er verdeutlicht dort den engen Zusammenhang zwischen Wissenschaftsentwicklung und Entwicklung bestimmter Parameter des Systems der wissenschaftlichen Kommunikation. Es liegt nahe, das analoge Begriffspaar „little information, big information" einzuführen. Worin besteht das Wesen der „Großen Information"?

Eine phänomenologische Beschreibung, die sich vollständig auf Angaben von D. J. DE SOLLA PRICE stützt, gibt J. KUCZYNSKI. Die Beschreibung fußt auf der Annahme eines Auftretens neuer Qualitäten im System der wissenschaftlichen Kommunikation immer dann, wenn bestimmte Schwellwerte in einzelnen Kommunikationskanälen überschritten werden.[20]

A. M. WEINBERG wies auf ein Merkmal hin, das gleichermaßen auf Big science und Big information zuzutreffen scheint: auf die zunehmende *Vielfalt und Komplexität* der möglichen und notwendigen kommunikativen Ver-

18 K. KRAUS: „Wo nehme ich nur all die Zeit her, so viel *nicht* zu lesen?" ([71], S. 56).

19 D. J. DE SOLLA PRICE: „The large-scale character of modern science, new and shining and all-powerful, is so apparent, that the happy term „Big Science" has been coined to describe it" ([46], S. 2). Durch diesen Begriff sollten vor allem die riesigen Dimensionen hervorgehoben werden, in denen sich heute die auf große komplexe Aufgaben ausgerichtete Forschung abspielt: kostete das sog. Manhattanprojekt – Schaffung der amerikanischen Atombombe – schon zwei Milliarden Dollar, so verschlang der „Mann im Mond" bereits 26 Milliarden (nach [73], S. 13).

20 J. KUCZYNSKI: „Als die Zahl der ‚Fachblätter' um 1830 etwa 300 betrug, entstand eine Informationskrise, die durch die Einführung von ‚Abstracta'-Zeitschriften überwunden wurde. Gegenwärtig hat jedoch auch die Zahl der ‚Abstracta'-Zeitschriften die kritische Zahl von 300 erreicht bzw. schon überschritten, und die Naturwissenschaftler befinden sich in einer neuen Informationskrise" ([74], S. 31).

bindungen. Dieses Merkmal wäre auch dann noch gravierend, wenn sich die Wissenschaftsentwicklung in entscheidenden Parametern nicht mehr exponentiell, sondern z. B. linear vollziehen würde. A. M. WEINBERG schreibt: „Ein eklatantes Beispiel dieser Proliferation der Komplexität ist das Telefonsystem. Immer, wenn ein neuer Teilnehmer hinzukommt, muß die Telefongesellschaft einen neuen Apparat an das Netz anschließen. Gleichzeitig muß sie das zentrale Schaltsystem wesentlich vergrößern, damit der neue Teilnehmer mit allen anderen Teilnehmern verbunden werden kann. Die Kompliziertheit des Systems wächst dabei (ebenso wie die interindividuellen Kontakte) sehr viel rascher als das System selbst; schließlich beherrscht die Schaltzentrale das ganze System. Diese Sackgasse wurde von den Telefongesellschaften bereits um 1900 vorausgesehen und ihr wurde mit der Einführung des automatischen Wählsystems begegnet. Gäbe es diese automatischen Wähler nicht, bestünde heute vielleicht unsere gesamte Gesellschaft aus Telefonisten" ([73], S. 73; Abbildung 5).

Wissenschaftliche Kommunikation vollzieht sich nicht vorzugsweise am Telefon. Der überwältigende Teil der Information wird auf wissenschaftlichen Veranstaltungen ausgetauscht und durchpulst als wissenschaftliche

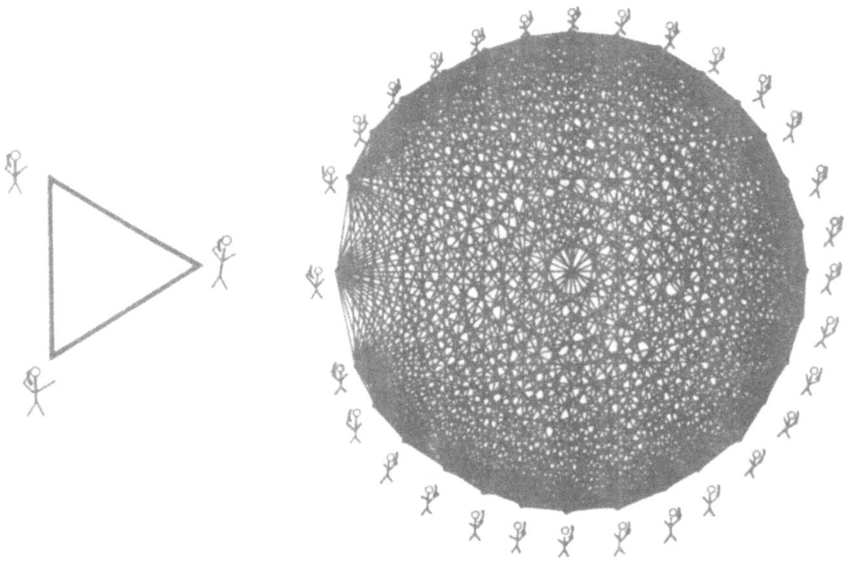

Abb. 5. Zunahme der Anzahl kommunikativer Verbindungen.
Drei Teilnehmer – drei Verbindungen, 30 Teilnehmer – 435 Verbindungen

Literatur die formalen Kanäle des Systems der wissenschaftlichen Kommunikation: tausende jährliche Konferenzen, hunderttausende Bücher, zehntausende Zeitschriften, hunderttausende Reports und Erfindungsbeschreibungen – für mehr als vier Millionen Wissenschaftler in der Welt, die in Dutzenden von Sprachen sprechen und auf Hunderten von Wissenschaftsgebieten arbeiten. Zu tausenden Massiven türmt sich die wissenschaftliche Information. Aber Wissenschaft kann sich erst vollziehen, wenn die Wissenschaftler und Ingenieure, die Informationsmassive, die Ströme wissenschaftlicher Information auf eine komplizierte (WEINBERGsche) Weise in Wechselwirkungen treten, die heute kaum in ihren Anfangsgründen erforscht ist.

Die Lösung des Problems der wissenschaftlichen Information kann nicht einfach ein Wiederheranführen des Systems der wissenschaftlichen Kommunikation an die davongeeilte Wissenschaft bedeuten. In dem Maße, in welchem es gelingt, die inneren Mechanismen des Systems der wissenschaftlichen Kommunikation aufzudecken, wird sich der wissenschaftliche Organismus selber wandeln müssen.

Deswegen ist die Erforschung des Systems der wissenschaftlichen Kommunikation so dringend.

Dieser Aufgabe widmet sich vor allem die Informatik.

3.3. Informatik

Das Wort „Informatik" ist eine Neuschöpfung. Zur Bezeichnung einer wissenschaftlichen Disziplin wurde es erstmals von sowjetischen Wissenschaftlern vorgeschlagen (vgl. [39], S. 40) und verwendet [75]. Seitdem sind Forschungsgegenstand und Gegenstandsbereich der Informatik fortlaufend diskutiert und präzisiert worden [39, 27, 40, 76, 30]. Die Definition, die Eingang in die Große Sowjetenzyklopädie [77] und in die Enzyklopädie der Kybernetik [18] gefunden hat, lautet:

> *„Informatik ist eine wissenschaftliche Disziplin, welche die Struktur und die allgemeinen Eigenschaften der wissenschaftlichen Information, aber auch die Gesetzmäßigkeiten aller Prozesse der wissenschaftlichen Kommunikation untersucht"* ([30], S. 395).[21]

Das vom Internationalen Zentrum für wissenschaftliche und technische Information in Moskau herausgegebene vierzehnsprachige Wörterbuch der

21 Eine ausführliche Begriffsbestimmung wird im Anhang gegeben. Andere Bestimmungen, z. B. solche, die in der Informatik eine Grundlagendisziplin der Automatisierung, Meß- und Rechentechnik, Nachrichtentechnik, Bionik usf. sehen wollten [78], konnten sich in der Sowjetunion nicht durchsetzen.

Informatik weist aus, daß zur Bezeichnung der in Frage stehenden Disziplin in zwölf Sprachen der Wortstamm „informatik-" Eingang gefunden hat ([24], S. 159).

Am Institut für die Weiterbildung von Informationsfachkräften des sowjetischen Staatlichen Informationssystems, in dem Informationsfachleute aus den sozialistischen Ländern ausgebildet werden, gibt es Vorlesungen über Grundlagen der Informatik (vgl. [79]), ebenso an der Moskauer Staatlichen LOMONOSOV-Universität [80]. Das Referateorgan „Informatika" (englischsprachige Ausgabe „informatics") zeigt die in der ganzen Welt erscheinende Literatur des Gebietes an (vgl. Übersicht 2). Die sowjetische Informatikforschung hat in den vergangenen Jahren einen großen Aufschwung erfahren [81].

Später als in der Sowjetunion setzte in Westeuropa die Verwendung des Wortes Informatik, allerdings mit einer anderen Bedeutung ein. Die Académie Française bestätigte 1966 das Wort „informatique" als Übersetzung des englischen „computer science". In der BRD und in Österreich wird unter Informatik eine vornehmlich am Rechner orientierte Ausbildungsrichtung verstanden – K. NICKEL: „Informatik ist die Theorie der Wirkungsweise und Anwendung von Computern" [82] (vgl. auch [83, 84]).

In der DDR setzte sich das sowjetische Informatikverständnis vor allem seit der Umbenennung der ZIID-Zeitschrift in „Informatik" (1969) und dem Erscheinen des Buches „Grundlagen der Informatik" ([39], 1970) durch. Jedoch sind in der DDR die Auffassungen nicht einheitlich und die Diskussionen um die Bezeichnung des Gebietes der wissenschaftlichen Information sowie über den Begriffsinhalt des Wortes Informatik dauern an.[22]

Der Leser von Informatik-Literatur lebt mit zwei Informatiken, deren Gegenstandsbereiche sich nur teilweise überlappen und von denen keine ein Teilgebiet der anderen ist. Dieser verwirrende Zustand darf aber kein Dauerzustand sein. Denn: „. . . Namen sind auch Programme" ([88], S. 15). Hier

22 J. KOBLITZ begründete mehrfach seinen Vorschlag einer „Informations- und Dokumentationswissenschaft" (s. vor allem das Vorwort der Fachredaktion zu [39]), deren Gegenstandsbereich aber mit dem von der sowjetischen Definition umrissenen nicht identisch ist (vgl. [85]).
W. SCHULZE [36] und K. FUCHS-KITTOWSKI u. Mitarb. [86] geben voneinander abweichende Begriffsbestimmungen, wenden sich aber gegen das ausschließlich am Computer orientierte Informatikverständnis, wie es in Westeuropa vorherrscht (vgl. [82, 83, 84]).
H. ENGELBERT macht den Vorschlag, den Gegenstandsbereich der Informatik auf die soziale Information auszudehnen [87]. Dabei müßten (und könnten) die bisher mit „Informatik" belegten unterschiedlichen Gegenstandsbereiche neu bezeichnet werden. Für „Informatik" als Disziplin, die an der wissenschaftlichen Information und am System der wissenschaftlichen Kommunikation orientiert ist, schlägt H. ENGELBERT den Begriff „Wissenschaftsinformatik" vor.

sind es die Namen zweier unterschiedlicher junger Disziplinen, deren Programme gleichermaßen der Unterstützung durch die Gesellschaft bei der Entwicklung ihrer Forschung, Lehre und praktischen Nutzung bedürfen.

In der vorliegenden Schrift wird der Begriff Informatik in dem Sinne verwendet, wie er sich in der Sowjetunion bis jetzt herausgebildet und eingebürgert hat.

Zur Charakterisierung der Informatik sei hinzugefügt, was diese nicht ist und kann. Sie ist beispielsweise nicht identisch mit der wissenschaftlichen Informationstätigkeit, weil diese entscheidend von der Mitwirkung der Spezialwissenschaftler (Physiker, Chemiker usw.) bestimmt wird. Die Informatik selbst kann keine Kriterien für eine Bestimmung der Bedeutung und des Wertes konkreter wissenschaftlicher Information ausarbeiten. Dies erscheint paradox, denn im System der wissenschaftlichen Kommunikation zirkuliert nicht bedeutungsfreie, sondern semantische wissenschaftliche Information. Dennoch – die Informatik würde sich selbst in den Rang einer über allen anderen Wissenschaften stehenden Disziplin erheben, wenn sie eine semantische oder pragmatische Theorie der wissenschaftlichen Information anstreben wollte.

In der Welt erscheinen bereits vier Referate-Journale, die Arbeiten auf dem Gebiet der Informatik anzeigen:

RŽI:	Referativnyj Žurnal Informatika	(russisch)
	Informatics	(englisch)
LISA:	Library and Information Science Abstracts	(englisch)
ISA:	Information Science Abstracts	(englisch)
BS:	Bulletin Signalétique	(französisch)

Sie werten jeweils 120 bis 300 Zeitschriften aus und publizieren jedes 3000 bis 4000 Abstracts im Jahr. RŽI, LISA und ISA referieren insgesamt etwa 600 Zeitschriften, jedoch nur 51 Zeitschriften werden gleichzeitig von allen drei Referateorganen ausgewertet [89]. Es läßt sich nicht ohne weiteres entscheiden, welches Organ am umfassendsten über die Informatik-Literatur informiert.

Die Informatik formiert sich noch als Disziplin. Der in der Übersicht 2 wiedergegebene Ausschnitt aus dem Rubrikator (Gliederungsschema) des RŽI sollte nicht als eine Einteilung der Informatik in Teildisziplinen verstanden werden, vielmehr als eine Gesamtschau derjenigen wissenschaftlichen Gebiete, von denen die Informatik Impulse empfängt, und der Probleme, vor denen sie steht.

Übersicht 2
Das Spektrum der Wissenschaftsdisziplin Informatik.
Ausschnitt aus dem Rubrikator des Referativnyj Žurnal Informatika [90].

Allgemeine Sektion

Theoretische und philosophische Fragen der Informatik

Methodologie der Informatik: Gegenstand, Methoden und Aufgaben der Informatik, Informatik und Wissen, Klassifikation der Wissenschaften, wissenschaftliche Kommunikation

Nutzung von Methoden des Herangehens und von Theorien unterschiedlicher Wissensgebiete in der Informatik: Bibliografie, Bibliothekswissenschaft, Archivkunde, Semiotik, Linguistik, Mathematik, mathematische Statistik, formale und mathematische Logik, Kybernetik, Rechentechnik, Pädagogik, Psychologie, Soziologie, Ökonomie

Organisation der Informatikforschung

Geschichte der Informatik

Terminologie der Informatik

Wissenschaftswissenschaft: Allgemeine Theorie der Wissenschaft, Geschichte der Wissenschaft, psychologische, soziologische und ökonomische Aspekte der Wissenschaft, Sprache der Wissenschaft, wissenschaftliches Prognostizieren, Operationsaspekte der Wissenschaft

Organisation der Informations- und Bibliothekstätigkeit

Allgemeine Fragen / Internationale Integration und Zusammenarbeit, Internationale Organisationen und Einrichtungen / Organisation der Informations- und Bibliothekstätigkeit in anderen sozialistischen Ländern / Organisation der Informations- und Bibliothekstätigkeit in den kapitalistischen und Entwicklungsländern / Kaderfragen, Ausbildung von Informationsnutzern

Dokumentale Informationsquellen und ihre analytisch-synthetische Verarbeitung

Allgemeine und theoretische Fragen / Veröffentlichte Dokumente / Andere Dokumentenarten / Analytisch-synthetische Verarbeitung von dokumentalen Informationsquellen

Automatisches Übersetzen

Allgemeine und theoretische Fragen / Linguistische Fragen der automatischen Übersetzung / Automatische Analyse und Synthese von Texten / Wörterbücher für das automatische Übersetzen

Informationsrecherche

Allgemeine Fragen / Klassifikationen und Informationssprachen / Informationsrecherchesysteme

Informations- und Bibliotheksdienste

Allgemeine Fragen / Informationsnutzer, Informationsbedarf / Informations- und Bibliotheksfonds / Organisation und Praxis der Informationsversorgung / Automatisierung der Informations- und Bibliotheksdienste

Technische Mittel für die Informations- und Bibliothekstätigkeit

Allgemeine Fragen / Informationseingabe / Lochkarteneinrichtungen / Elektronische Datenverarbeitungsanlagen / Informationsspeicherung / Informationsausgabe / technische Kommunikationsmittel in Informationssystemen / Vervielfältigung von Informationsmaterialien / Mikroverfilmung von Informationsmaterialien, Speicher- und Recherchevorrichtungen für Mikroformen

Die Informatik soll die Gesetzmäßigkeiten der Großen Information erforschen, die gewonnenen Erkenntnisse für die Optimierung des Systems der wissenschaftlichen Kommunikation und für die wissenschaftliche Informationstätigkeit nutzbar machen und Schritt für Schritt die Theorie der wissenschaftlichen Kommunikation aufbauen. Dazu bedarf es national und international abgestimmter Forschungsprogramme. Im Verlauf ihrer Verwirklichung wird sich das Profil der Informatik schärfer ausprägen.

Unter den in der Übersicht 2 angeführten mit der Informatik korrespondierenden Disziplinen rangieren auch Wissenschaftswissenschaft und Kybernetik. Sie sind wichtige Partner der Informatik bei der Lösung des Problems der wissenschaftlichen Information. Sie helfen – vereinfacht ausgedrückt – die objektiven Ursachen der kritischen Informationssituation zu erforschen und stellen wirkungsvolle systemanalytische und technische Mittel zu ihrer Überwindung zur Verfügung.

4. Wissenschaftswissenschaft und Informatik

„Die reine Wissenschaft gleicht einer stolzen, gold- und kornbeladenen Wolke, welche sich . . . zwischen wunderbaren Lichtgarben und Farbenwirkungen ausbreitet: es ist keine Vorspiegelung, es ist der Glanz, die Pracht der Wahrheit selbst.
Doch steigt die Wolke höher, reißt der Wind sie über die Felder hinweg, so erhält sie dunklere und düstere Tönungen: jetzt geht sie an die Arbeit und wechselt ihre Feiertagskleider mit der Arbeitsbluse. Nun verdichtet sie sich zum Regen und begießt die Felder, bereichert den Boden. Das, was mit rührender Schönheit begann, endet damit, daß es für das arme körperliche Dasein Nahrung liefert."
José ECHEGARAY[23]

Die Wissenschaftswissenschaft erforscht die Wissenschaften als kompliziertes, ganzheitliches System. Bei der Untersuchung der philosophischen, historischen, soziologischen, ökonomischen, informationellen u. a. Aspekte des Forschungsgegenstandes Wissenschaft wirken die Einzelwissenschaften in komplexer Weise zusammen. Eine Aufgabe der Wissenschaftswissenschaft ist die Gewinnung von Erkenntnissen für die Optimierung der Wissenschaftsprozesse im gesellschaftlichen Reproduktionsprozeß. Fernziel ist eine Theorie der Wissenschaft.[24]

Die Erforschung der Wissenschaft läßt sich auf eine Reihe von Aussagen stützen, die durch die gesellschaftliche Praxis gesichert sind; beispielsweise

23 Nach [91], S. 25. J. ECHEGARAY (1832–1916), span. Dramatiker, Nobelpreis 1904.
24 Die Begriffsbestimmung fußt auf mehreren Arbeiten: [92, 93], Kapitel 8. von [94], Kapitel 5. von [95], Stichwort „naukovedenie" in [18], Kapitel 2. von [96]. Nach der Herausgabe des Buches von G. M. DOBROV: „Nauka o nauke" unter dem deutschen Titel „Wissenschaftswissenschaft" [94] hat dieser Begriff in der DDR weite Verbreitung gefunden (vgl. [97], S. 35).

„Wissenschaft entwickelt sich beschleunigt", „Wissenschaft hat Systemcharakter" und *„Wissenschaft wird Produktivkraft".* Diese Aussagen berühren unmittelbar auch das Problem der wissenschaftlichen Information. Das beschleunigte Wachstum der Wissenschaft spiegelt sich in der Informationslawine wider, die Komplexität des Systems der Wissenschaft findet ihren Ausdruck in der Differenziertheit und Interkorrelation wissenschaftlicher Informationsströme, und schließlich reicht das System der wissenschaftlichen Kommunikation, so wie die Wissenschaft selbst, tief in die Bereiche der materiellen Produktion hinein.

Wissenschaftswissenschaft und Informatik bedingen einander. Die Wissenschaftswissenschaft zeichnet Wandlungen in der Wissenschaft vor und setzt damit Prämissen für die Weiterentwicklung des Systems der wissenschaftlichen Kommunikation. Die Informatik leitet aus erkannten Gesetzmäßigkeiten von Prozessen der wissenschaftlichen Kommunikation Aussagen über die möglichen und notwendigen Wandlungen in der Wissenschaft ab.

4.1. Beschleunigte Entwicklung der Wissenschaft

Wie wird Wissenschaft gemessen? Bestimmte Merkmale der Wissenschaft lassen sich durch einfaches Abzählen gewinnen, wie etwa die Anzahl der wissenschaftlich Tätigen, der wissenschaftlichen Einrichtungen und Organisationen, der Wissenschaftsgebiete, der Wissenschaftler und der Sprachen, in denen wissenschaftliche Ergebnisse publiziert werden, der Forschungsprogramme usw. Abzählen lassen sich auch die wissenschaftlichen Zeitschriften, Bücher, Patente, Reports, Konferenzen, Artikel und Referate. Meßbar ist die Höhe der Aufwendungen für die Wissenschaft. Zählbar sind Nobelpreisträger und andere Laureaten der Wissenschaft, aber auch die Anzahl der bekannten chemischen Verbindungen.

Alle diese Zahlenwerte sind, mindestens in ihrer Größenordnung, bekannt. Sie repräsentieren ein großes Potential, welches der Menschheit für die Aneignung der Natur zur Verfügung steht.

Um tiefer in die Wissenschaft als Prozeß einzudringen, studiert die Wissenschaftswissenschaft die Wechselwirkung derartiger Parameter und vor allem deren Abhängigkeit von der Zeit. Die Abbildungen 6 bis 9 stellen typische Beispiele für die zeitliche Entwicklung unterschiedlicher wissenschaftlicher „Dinge" dar. Die halblogarithmische Darstellung erlaubt es, diejenigen Zeiträume leichter zu erkennen, in welchen das Wachstum exponentiell verläuft: die Kurve ist in solchen Abschnitten eine Gerade.

Wachstumskurven können eine wichtige Grundlage für die Prognostizierung sein, wenn die Wachstumsgesetze zuverlässig bekannt sind. Wenn der

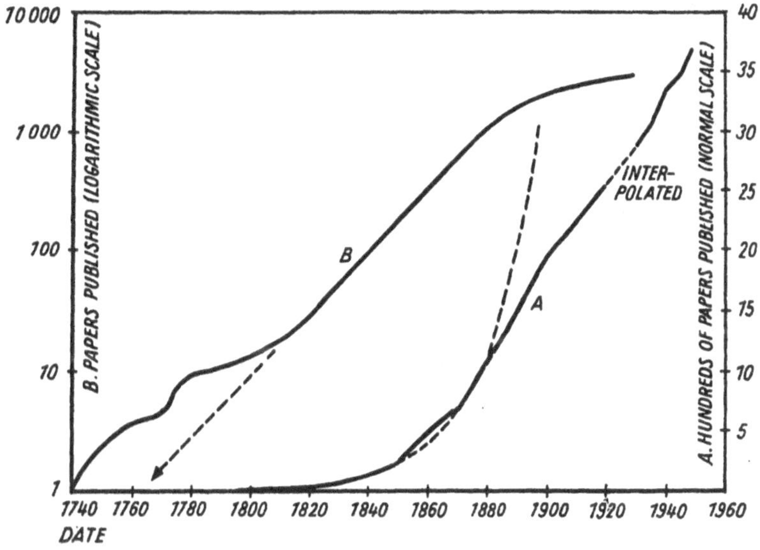

Abb. 6. Entwicklung der Anzahl der Publikationen auf dem Gebiet der Theorie der Determinanten und Matrizen im Zeitraum 1740–1949 (aus [98])

Gegenstand, dessen zeitliche Entwicklung in Frage steht, selbst ein kompliziertes System ist, kann es zu Fehleinschätzungen kommen. Ein Beispiel dafür sind die Diskussionen über eine angebliche exponentielle Entwicklung der Wissenschaft.[25]

F. ENGELS hat 1844 eine Bemerkung über die Wissenschaft gemacht, die, in die Sprache der Mathematik übersetzt, als das „Exponentialgesetz der Wissenschaft" gedeutet werden könnte. Sie lautet:

25 Diese Diskussionen wurden vor allem ausgelöst durch eine Publikation von D. J. DE SOLLA PRICE "The exponential curve of science" [101]. Sie enthält eine Wachstumskurve der Anzahl wissenschaftlicher Periodika. Die Kurve verläuft über drei Jahrhunderte nach ein und demselben Exponentialgesetz. Dieser „klassische" Verlauf ist in viele Arbeiten übernommen worden ([1], S. 160; [10], S. 19; [39], S. 15; [41], S. 41; [43], S. 38; [46], S. 9; [68], S. 97; [74], S. 31; [102], S. 33; [103], S. 16; [104], S. 93). Ein Vergleich der Angaben von J. D. DE SOLLA PRICE mit dem umfangreichen Untersuchungsmaterial von D. A. KRONICK [105] für die Frühzeit der Zeitschriftengeschichte (1665–1790) läßt allerdings keinen Zweifel daran, daß von einer über drei Jahrhunderte verlaufenden exponentiellen Entwicklung nicht gesprochen werden kann.

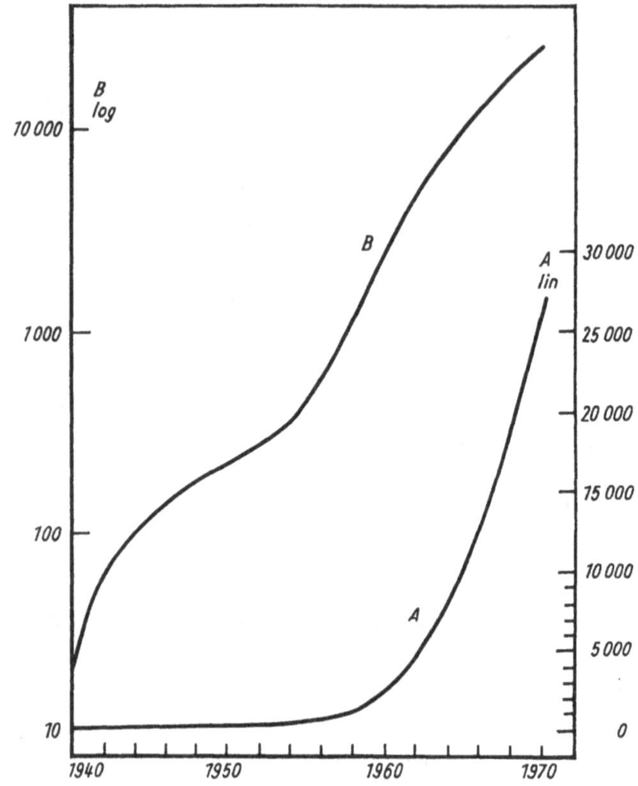

Abb. 7. Entwicklung der Anzahl der Publikationen auf dem Gebiet der biologischen Ultrastrukturforschung im Zeitraum 1940–1970 (nach [43], S. 81)

„Die Wissenschaft vermehrt sich mindestens wie die Bevölkerung; diese vermehrt sich im Verhältnis zur Anzahl der letzten Generation; die Wissenschaft schreitet fort im Verhältnis zu der Masse der Erkenntnis, die ihr von der vorhergehenden Generation hinterlassen wurde, also unter den allergewöhnlichsten Verhältnissen auch in geometrischer Progression – und was ist der Wissenschaft unmöglich?" ([106], S. 209 f.).

In der Tat, wenn die zeitliche Änderung einer Sache y (ihre Zunahme oder Abnahme) der Sache selbst proportional ist:

$$\frac{dy}{dt} = k \cdot y, \qquad (4.1)$$

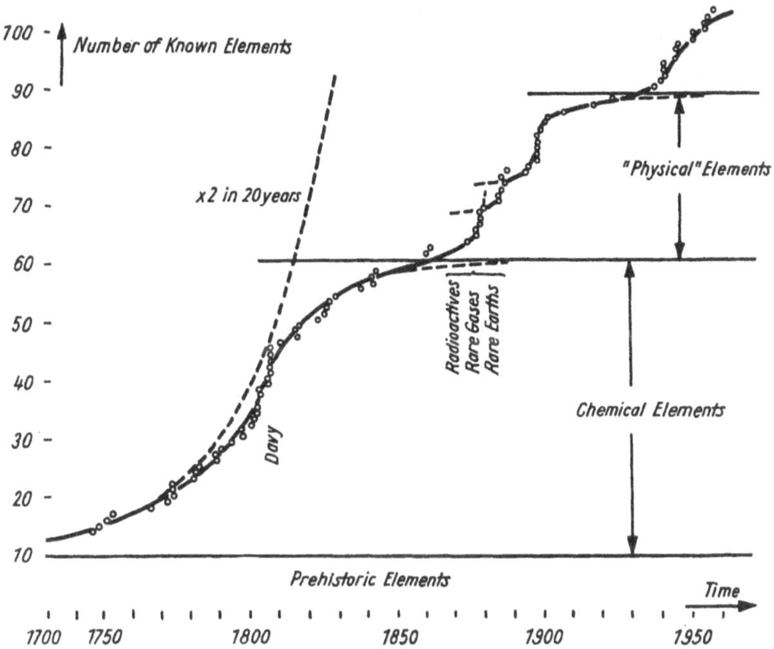

Abb. 8. Anzahl der bekannten chemischen Elemente als Funktion der Zeit. Nach den Arbeiten von DAVY existiert eine klare logistische Abhängigkeit, gefolgt von einer Reihe von Eskalationen, welche vorwiegend physikalischen Theorien entsprechen. Um 1950 ist die jüngste Eskalation entsprechend der Erzeugung der Transuranelemente zu verzeichnen.
Abbildung und Text aus [46], S. 29

(Proportionalitätsfaktor k), so ergibt sich als Lösung dieser Differentialgleichung für den zeitlichen Verlauf der Sache die Exponentialfunktion

$$y = a \cdot e^{kt}, \tag{4.2}$$

a ist das Ausmaß der Sache zum Zeitpunkt t =0. Wichtigstes Merkmal eines exponentiellen Verlaufs ist die Verdopplung bzw. Halbierung ($k > 0$ bzw. $k < 0$) der Sache in aufeinanderfolgenden gleichen Zeiträumen: a, 2a, 4a ... bzw. a, a/2, a/4 ... Ein bekanntes Beispiel aus dem naturwissenschaftlichen Bereich ist das zeitliche Abklingen von angeregten Energieniveaus oder der radioaktive Zerfall. Im Bereich der Gesellschaftswissenschaften, der hier zur Diskussion steht, handelt es sich aber um den problematischen Fall einer ständigen zeitlichen Zunahme, die bis ins Unendliche weitergeht.

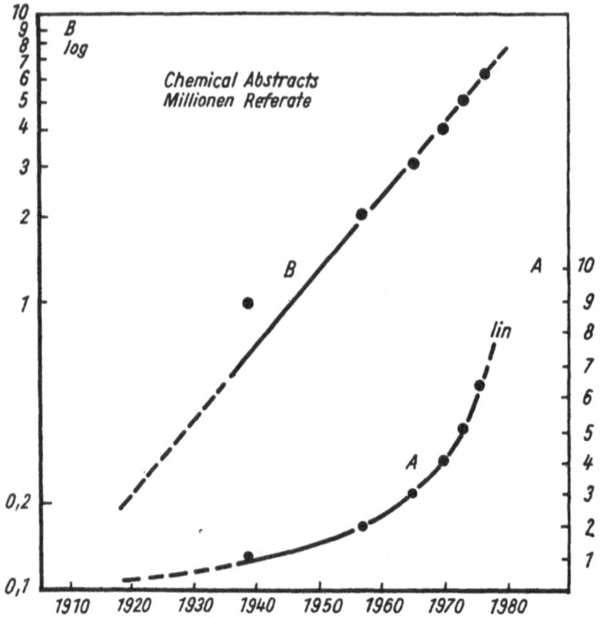

Abb. 9. Entwicklung der Anzahl der Referate in dem seit 1907 bestehenden Referateorgan "Chemical Abstracts". Für die erste Million Referate wurden 32 Jahre benötigt, für die nächsten Millionen entsprechend 18, 8, 4,7 und 3,3 Jahre [99]. 1975 erreichte die Anzahl 6,4 Millionen [100]

Hat aber F. ENGELS das „Gesetz der beschleunigten Entwicklung der Wissenschaft" als einen mathematisch exakt formulierbaren Sachverhalt im Auge gehabt? Er selbst hat eine derartige Auffassung, die der Stützung durch umfangreiche experimentelle wisenschaftswissenschaftliche Untersuchungen bedurft hätte, nicht geäußert. Andererseits läßt gerade die in der Polemik mit der MALTHUSschen Bevölkerungstheorie getroffene Feststellung „... und was ist der Wissenschaft unmöglich?" kaum Zweifel daran, daß F. ENGELS die entscheidenden gesellschaftlichen Potenzen der Wissenschaft nicht allein im zahlenmäßigen Anwachsen einzelner ihrer Parameter erblickt hat.[26]

26 Wie weit die Überlegungen F. ENGELS' über das bloß Quantitative hinausgingen, belegen u. a. die 30 Jahre danach in dem Werk „Dialektik der Natur" gemachten Bemerkungen: „Die Unzerstörbarkeit der Bewegung im Satz des Descartes, daß sich im Universum stets dasselbe Quantum Bewegung erhalte. Die Naturforscher drücken dies als ‚Unzerstörbarkeit der Kraft' (Gesetz von der Erhaltung der Energie. M. B.) unvollkommen aus. Der bloß quantitative Ausdruck des Descartes ebenfalls unzureichend: Die Bewegung als solche, als wesentliche Bestätigung, Existenzform der Materie, unzerstörbar wie diese selbst, darin ist das Quantitative eingeschlossen" ([107], S. 261).

Es ist Aufgabe der Wissenschaftswissenschaft, die unterschiedlichen Typen von Wachstumsentwicklungen zu untersuchen und die ihnen zugrundeliegenden Wirkungsmechanismen zu erkennen. In jüngster Zeit von W. MENDE und M. PESCHEL angestellte Untersuchungen belegen beispielsweise, daß das Wachstum zahlreicher Systeme (Bevölkerung, mathematische Literatur u. a.) als hyperbolisch, d. h. noch stärker als exponentiell charakterisiert werden muß [139]. Die Methoden der Informatik müssen so vervollkommnet werden, daß konkrete, sich in den Massiven wissenschaftlicher Information widerspiegelnde Wachstumsverläufe rechtzeitig erkannt und aus ihnen Empfehlungen für wissenschaftspolitische Entscheidungen abgeleitet werden können.

4.2. Informationsmodell der Wissenschaft

Die Erfolge der Kybernetik bei der Beschreibung komplexer dynamischer Systeme haben die Wissenschaftsforscher dazu angeregt, auch in der Wissenschaft wesentliche Systemzusammenhänge aufzuspüren und für bestimmte Aspekte Modelle zu entwerfen. Mit deren Hilfe werden einzelne Seiten der Wissenschaft besser durch- und überschaubar, lassen sich verifizierbare Folgerungen ableiten. V. V. NALIMOV und Z. M. MUL'ČENKO zählen neun Modelle der Wissenschaft auf: das logische, erkenntnistheoretische, ökonomische, politische, soziologische, demographische Modell, das Kreativitätsmodell, das Modell der Systemtechnik und das *Informationsmodell* [102].

Das Wesen des Informationsmodells besteht darin, daß es die „Wissenschaft als selbstorganisierendes System betrachtet, das von seinen Informationsströmen gesteuert wird. Die Entwicklung der Wissenschaft wird als Entwicklung ihrer Informationsströme untersucht" ([102], S. 6).

Vom Systemcharakter der Wissenschaft und von der Informationsmodell-Vorstellung des Wissenschaftsorganismus gehen auch G. Ė. VLEDUC und Ė. A. GEJVANDOV ([108], S. 10), G. M. DOBROV ([94], S. 23), A. V. BLEK ([109], S. 12) und P. N. ZAVLIN, A. I. ŠČERBAKOV und M. A. JUDELEVIČ ([110], S. 13) aus.

Allerdings wurde noch niemals eine Synthese der unterschiedlichen Modelle versucht, um zu einem Gesamtbild der Wissenschaft zu gelangen. Nach Auffassung von V. M. GLUŠKOV, G. M. DOBROV und V. I. TEREŠČENKO steht eine solche Synthese, welche die „Erfahrungen bei der Schaffung und Analyse der informationellen, organisatorischen und sozialökonomischen Modelle von der Wissenschaft als gesteuertem System" verallgemeinert, auf der Tagesordnung ([111], S. 71).

Ursache dieses Drängens ist die objektive Notwendigkeit, die Wissenschaft möglichst schnell aus der extensiven in die intensive Entwicklungsphase hinüberzuführen. Das Risiko, bei einer solchen Synthese entscheidende Fehler zu begehen, wird umso geringer sein, je besser die Modellvorstellungen der einzelnen Wissenschaftsaspekte ausgearbeitet sind.

Die Vorstellungen über das System der wissenschaftlichen Kommunikation, die sich jetzt in ihren Ansätzen herausgebildet haben [30], müssen, ungeachtet der noch ungelösten fundamentalen Probleme, bei dieser Synthese berücksichtigt werden. Das Informationsmodell der Wissenschaft weiter auszuarbeiten, ist vordringliche Aufgabe der Informatik.

4.3. Produktivkraft wissenschaftliche Information

Für das Produktivwerden der Information fehlt ein exaktes Maß. Als gesichert kann gelten, daß die Aufwendungen für die wissenschaftliche Informationstätigkeit gering sind im Vergleich zum Nutzen, den die Gesellschaft von der Wissenschaft, und damit indirekt von der wissenschaftlichen Informationstätigkeit hat. Diese Aufwendungen liegen in der Regel bei einem Prozent der Ausgaben für die Wissenschaft.

Häufig werden dagegen Abschätzungen der volkswirtschaftlichen Verluste gegeben, die aus Unterschätzung und Unterdotierung der wissenschaftlichen Informationstätigkeit entstehen. Sie gehen in die Milliarden Dollar und Rubel.[27]

Nach dem zweiten Weltkrieg begann die *Komponente Wissenschaftliche Information der Produktivkraft Wissenschaft* verstärkt die Aufmerksamkeit von Wissenschaftlern, wissenschaftsleitenden Organen und auch der Öffentlichkeit auf sich zu ziehen. In Berichten wie in dem schon zitierten WEINBERG-Report [59], aber auch in solchen Aussagen wie der von K. STEINBUCH, daß „nicht mehr die Menge der Stahl- und Energieerzeugung, sondern die Menge des Informationsverbrauches entscheidend für die Weltgeltung eines Staates" sein werden ([113], S. 102), spiegelt sich ohne Zweifel ein objektives gesellschaftliches Bedürfnis wider.

In der DDR findet dies seinen Ausdruck in weitreichenden staatlichen Festlegungen. Beispielsweise wird im „Programm zur langfristigen Entwicklung der naturwissenschaftlichen und mathematischen Grundlagenforschung

27 „Eine ökonomische Analyse zeigt: durch fehlende Informationen über bereits durchgeführte Forschungs- und Entwicklungsarbeiten und die dadurch verursachte Doppelarbeit gehen uns mehr als zehn Prozent der für diese Arbeiten eingesetzten Mittel wieder verloren ... die jährlichen Verluste, die allein auf das Konto unzureichender Informationsversorgung kommen, betragen viele Milliarden Rubel ... Befreite man die Wissenschaftler und Ingenieure nur zur Hälfte von der Informationsarbeit, dann wäre dies gleichbedeutend mit einer Erhöhung ihrer Anzahl um 25 Prozent" ([112], S. 130).

bis 1990" als ein grundlegendes Bedürfnis die Lösung der Informations- und Kommunikationsprobleme genannt (vgl. [113, 114]). In dem vom XXV. Parteitag der KPdSU beschlossenen Dokument „Die Hauptrichtungen der Entwicklung der Volkswirtschaft der UdSSR von 1976–1980" heißt es im Abschnitt „Die Hauptaufgaben der Entwicklung der Volkswirtschaft": „Das System der wissenschaftlich-technischen Information ist zu vervollkommnen" und im Abschnitt „Entwicklung der Wissenschaft": „Die Informationstätigkeit auf dem Gebiet der Wissenschaft und des Patentwesens ist zu verbessern" ([115], S. 26, 74).

In den sozialistischen Ländern sind gesamtstaatliche Systeme der wissenschaftlich-technischen Information im Aufbau. Führende wissenschaftswissenschaftliche Einrichtungen wenden sich verstärkt dem Problem der wissenschaftlichen Information zu.[28] Das Zusammenwirken von Wissenschaftswissenschaft und Informatik wird dazu beitragen, die Mechanismen des Produktivwerdens der wissenschaftlichen Information zu erkennen.

28 Vgl. die in Kiew erscheinenden Sammelbände „Naukovedenie i informatika" (Wissenschaftswissenschaft und Informatik).

5. Kybernetik und Informatik

„Es besteht keinerlei Zweifel daran, daß ein bedeutender Teil des zukünftigen Fortschritts der Wissenschaft aus der Erforschung der Gesetzmäßigkeiten von Steuerungsprozessen in komplizierten Systemen mit Hilfe der Ideen und Mittel der Kybernetik erwachsen wird."
Boris Vladimirovič BIRJUKOV ([31], S. 18)

Die „Enzyklopädie der Kybernetik" [18] gibt für den Begriff Kybernetik die Bestimmung:

„Kybernetik ist die Wissenschaft von den allgemeinen Gesetzmäßigkeiten des Empfangs, der Speicherung, Übertragung und Umwandlung von Informationen in komplizierten Steuerungssystemen. Darunter werden ... nicht nur technische, sondern beliebige biologische, Verwaltungs- und soziale Systeme verstanden. Beispiele für sehr komplizierte Steuerungssysteme sind die Nervensysteme lebender Organismen, besonders der menschliche Organismus, aber auch der Leitungsapparat in der menschlichen Gesellschaft."

Diese anspruchsvolle Bestimmung provoziert die Frage: ist das System der wissenschaftlichen Kommunikation ein kybernetisches System? Eine solche Frage kann heute noch nicht eindeutig beantwortet werden, da die Erforschung der Mechanismen des Systems erst beginnt. Viele seiner Eigenschaften, insbesondere die relative Stabilität und die im Verlauf der Geschichte immer wieder beobachtete Fähigkeit der Anpassung an den sich entwickelnden Wissenschaftsorganismus, sprechen für den kybernetischen Charakter des Systems.

Die gegenwärtige kritische Informationssituation verlangt sorgfältiges, tieferes Eindringen in die Prozesse der wissenschaftlichen Kommunikation, wenn dieses gesellschaftliche System wirkungsvoll, das heißt den Bedingungen der Großen Information genügend, weiterentwickelt werden soll.

Es wäre jedoch der Entwicklung von Informatik und wissenschaftlicher Informationstätigkeit wenig dienlich, das Wesen des Systems ausschließlich in seiner Automatisierbarkeit zu erblicken, oder die Mittel und Methoden der Kybernetik einfach mit den rechnergestützten Anlagen der Informationsverarbeitung gleichzusetzen. Solche Auffassungen, die nicht selten anzutreffen sind,[29] hat E. MATER ad absurdum geführt, ihnen entspräche: „Ein Rechenautomat, der durch den berühmten ‚Knopfdruck' alle interessierende Literatur erfaßt, die einzelnen Artikel indexiert, Autoren- und Sachregister dazu anlegt, Kurzfassungen in verschiedenen Abstraktions- und Verdichtungsgraden herstellt, diese wiederum zu Fortschritts- und Weltstandsvergleichen zusammenfaßt, Relevanzeinschätzungen für verschiedene Fachgebiete sowie Neuheitsbewertungen nach absoluten Kriterien vornimmt und diese sehr unterschiedlichen Informationsarten, verfaßt in natürlicher Sprache und korrektem Stil, auf Anfrage hin oder in eigener Aktivität demjenigen Kreis von Fachleuten genau dann redundanzfrei zur Verfügung stellt, wenn er sie gerade zur Lösung seiner Aufgaben benötigt" ([117], S. 6).

Die Kybernetik verfügt über ein reiches Arsenal an „Ideen und Mitteln", die beim Studium von Schlüsselfragen des Problems der wissenschaftlichen Information, bei der Erforschung der Wachstumsdynamik und bei der Vervollkommnung der wissenschaftlichen Informationstätigkeit genutzt werden müssen. Allerdings, den Automatenbegriff als „... höchste Form des kybernetischen Systembegriffs ..." ([132], S. 65) voll auszuschöpfen, wird wohl einer ferneren Zukunft vorbehalten bleiben.

In der vorliegenden Schrift können aus dem Bereich der theoretischen Kybernetik, welcher gegenwärtig die Systemtheorie, Regelungs- und Lerntheorie, Informationstheorie, Automatentheorie, Algorithmentheorie und Spieltheorie umfaßt, nur einige einfache systemtheoretische und informationstheoretische Aspekte dargelegt werden.[30] Ihre unmittelbare Anwendbarkeit erschließt sich nicht sofort und der ungeduldige Leser möge die Abschnitte 5.1. und 5.2. vorerst überschlagen. In ihnen werden Denkstützen

29 Eine der ersten sowjetischen Arbeiten, die sich mit dem Problem der wissenschaftlichen Information auseinandersetzten, erschien in den „Fortschritten der physikalischen Wissenschaften". Sie trägt, bezeichnend, den Titel: „Wissenschaftliche und technische Information als eine der Aufgaben der Kybernetik" [116]. In ihr wird Kybernetik synonym für Mechanisierung und Automatisierung benutzt.
Dem Einsatz des Rechners in Informatik und wissenschaftlicher Informationstätigkeit ist das Kapitel 7. gewidmet.

30 Weiterführende Darstellungen, auch aus dem Bereich der angewandten Kybernetik, findet der Leser bei N. WIENER [12], W. R. ASHBY [118], G. KLAUS und H. LIEBSCHER [119, 120], K. STEINBUCH [121], H.-J. FLECHTNER [122], A. JA. LERNER [123], H. DRISCHEL [124], L. T. KUZIN [125], B. V. BIRJUKOV [31], F. BALDEWEG, H. JUNGCLAUSSEN und H. STAHN [126], M. PESCHEL [132, 133].

gegeben – etwa bei der Beschreibung von Struktur und Verhalten einfachster Systeme mit dem schon „klassischen" Formalismus von O. LANGE – für die Modellierung realer Systeme der wissenschaftlichen Kommunikation, und Ausgangspunkte fixiert – etwa bei der Beschreibung des „klassischen" Informationsmaßes von C. SHANNON –, über die eine zukünftige Theorie der wissenschaftlichen Information weit hinauszugehen hätte.

5.1. Systemaspekt

Ein Atom und ein Kristall, ein Sonnensystem und das Weltall sind Systeme, eine Amöbe und eine Nervenzelle, eine Blume und ein Mensch ebenfalls. Uhr und Computer, der Marxismus und das Gebäude der Mathematik, die menschliche Gesellschaft sind Systeme.

Entstehung und Ausbildung des *Systemdenkens* (engl. systems approach; russ. sistemnyj podchod) und umfangreiche Systemforschungen sind Erscheinungen, die für die Entwicklung der wissenschaftlichen Erkenntnis in der Mitte des 20. Jahrhunderts charakteristisch sind. V. N. SADOVSKIJ bemerkt hierzu: „Die sich vertiefenden Prozesse der Differenzierung und Integration wissenschaftlicher Kenntnis, die breite Einführung formaler mathematischer Methoden in die Wissenschaft, die Nutzung der Modellbildung in den unterschiedlichsten Gebieten, die wesentliche Verkomplizierung des gesamten wissenschaftlichen Forschungsprozesses – alle diese Faktoren machen es notwendig, neben der allgemeinphilosophischen Methodologie wissenschaftlicher Erkenntnis ins einzelne gehende konkret-wissenschaftliche methodologische Vorstellungen zu bestimmten Aufgaben und Problemen der modernen Wissenschaft zu entwickeln. Die allgemeine Systemtheorie[31] und ihre Methoden sind berufen, diese Aufgaben im Zusammenhang mit der Untersuchung des Systemcharakters, des Ganzheitscharakters und der Organisiertheit zu lösen" ([127], S. 11).

Das Spektrum des Begriffes System (in der Arbeit [127] werden mehr als 40 Definitionen abgehandelt) reicht von Bestimmungen, die den anschaulichen Mengenbegriff benutzen, bis zu Definitionen, die für abstrakte Systeme gegeben werden ([128], S. 87). Viele Begriffsbestimmungen sind

31 Die Entwicklung einer „Allgemeinen Systemtheorie" ist eng mit dem Namen des österreichischen Biologen L. V. BERTALANFFY verknüpft, der darauf hinwies, daß „wir auf allen Gebieten der Biologie den Organismus nicht als eine Summe von Teilen, sondern als ein ganzheitliches System betrachten müssen" ([134], S. 10). Vgl. auch die methodologischen Arbeiten von I. V. BLAUBERG, V. N. SADOVSKIJ und Ė. G. JUDIN [135], I. V. BLAUBERG [136].

auf kybernetische Systeme zugeschnitten, z. B.: „Ein System ist eine Gesamtheit von verschiedenen wechselwirkenden funktionellen, informationellen (biologischen, menschlichen, maschinellen, informationellen, natürlichen) Einheiten, das mit der Umgebung verbunden ist und die Erreichung eines bestimmten allgemeinen Zieles durch die Einwirkung auf Stoff, Energie, biologische Erscheinungen und deren Steuerung anstrebt" ([129], S. 6).

Eine einfache und einprägsame Definition gibt der polnische Wirtschaftswissenschaftler O. LANGE in „Ganzheit und Entwicklung in kybernetischer Sicht"[32]:

> „Eine Menge gekoppelter aktiver Elemente heißt ein System aktiver Elemente, oder kurz ein System" ([137], S. 18).

Auf ihr fußen die folgenden Ausführungen, die sich mit der Struktur und dem Verhalten einfacher Systeme befassen.

Als *Element* oder *Elementarsystem* E wird ein gegenüber seiner *Umgebung* (Umwelt) relativ isoliertes System verstanden. E steht mit der Umgebung über mindestens einen *Input* (Eingang) x und mindestens einen *Output* (Ausgang) y in Wechselwirkung. Weiterhin erfüllt E eine *Funktion,* die etwas darüber aussagt, wie es auf Einwirkungen aus der Umgebung reagiert *(Verhalten).* Schließlich hat E innere Zustände, die sich bei solchen Einwirkungen in charakteristischer Weise ändern.

Im allgemeinen Fall gibt es m Eingänge und n Ausgänge, die als Komponenten $x_1, x_2, x_3, \ldots x_m$ des Inputvektors bzw. als Komponenten $y_1, y_2, y_3, \ldots y_n$ des Outputvektors durch folgende Schreibweise ausgedrückt werden können:

$$x = (x_j),\ j = 1 \ldots m, \quad \text{und } y = (y_i),\ i = 1 \ldots n, \quad \text{oder}$$

$$x = \begin{pmatrix} x_1 \\ x_2 \\ x_3 \\ . \\ . \\ . \\ x_m \end{pmatrix}, \qquad y = \begin{pmatrix} y_1 \\ y_2 \\ y_3 \\ . \\ . \\ . \\ y_n \end{pmatrix}. \tag{5.1}$$

32 Dieses wenig umfangreiche Bändchen ist von G. KLAUS mit einem bemerkenswerten Vorwort versehen worden, in dem dieser den programmatischen Charakter der Schrift hervorhebt, an der keiner vorbeigehen könne, der an den Grundlagenproblemen seines Fachgebietes interessiert sei. „Nun erhält die ... Behauptung, daß das Ganze mehr sei als die Summe seiner Teile, einen präzisen mathematischen Sinn. Die Wahrheit dieser Behauptung ist nicht trivial." ([138], S. XVI).

Nun wird nach dem Verhalten des Elements E gefragt, das heißt nach der Änderung des Zustandes von y, wenn das Element eine Änderung des Zustandes von x erfährt. Wenn sich die Komponenten der Vektoren durch Zahlen darstellen lassen, ist die Frage nach dem Verhalten gleichbedeutend mit der Frage nach einer *Transformationsmatrix* A, die beschreibt, wie die Änderung jeder Komponente des Outputvektors mit der Änderung jeder Komponente des Inputvektors zusammenhängt:

$$\Delta y = A \Delta x. \tag{5.2}$$

Die Matrixelemente haben die Form $a_{ij} = \frac{\Delta y_i}{\Delta x_j}$, ihre Anzahl beträgt $n \cdot m$, die Matrix ist nur dann quadratisch, wenn die Anzahl der Eingangskomponenten gleich der Anzahl der Ausgangskomponenten ist: $m = n$.

$$A = \begin{pmatrix} a_{11} & a_{12} & a_{13} & \dots & a_{1m} \\ a_{21} & a_{22} & a_{23} & \dots & a_{2m} \\ a_{31} & a_{32} & a_{33} & \dots & a_{3m} \\ \cdot & & & & \cdot \\ \cdot & & & & \cdot \\ \cdot & & & & \cdot \\ a_{n1} & a_{n2} & a_{n3} & \dots & a_{nm} \end{pmatrix}. \tag{5.3}$$

$$\begin{aligned} \Delta y_1 &= a_{11}\Delta x_1 + a_{12}\Delta x_2 + a_{13}\Delta x_3 \dots a_{1m}\Delta x_m \\ \Delta y_2 &= a_{21}\Delta x_1 + a_{22}\Delta x_2 + a_{23}\Delta x_3 \dots a_{2m}\Delta x_m \\ \Delta y_3 &= a_{31}\Delta x_1 + a_{32}\Delta x_2 + a_{33}\Delta x_3 \dots a_{3m}\Delta x_m \\ &\cdot \\ &\cdot \\ &\cdot \\ \Delta y_n &= a_{n1}\Delta x_1 + a_{n2}\Delta x_2 + a_{n3}\Delta x_3 \dots a_{nm}\Delta x_m . \end{aligned} \tag{5.4}$$

Hängen die Outputänderungen nicht von konstanten Koeffizienten (Matrixelementen) a_{ij} ab, sondern gelten vielmehr funktionelle Zusammenhänge der Art

$$
\begin{aligned}
y_1 &= f_1\ (x_1, x_2, x_3, \ldots x_m) \\
y_2 &= f_2\ (x_1, x_2, x_3, \ldots x_m) \\
y_3 &= f_3\ (x_1, x_2, x_3, \ldots x_m) \\
&\cdot \\
&\cdot \\
&\cdot \\
y_n &= f_n\ (x_1, x_2, x_3, \ldots x_m),
\end{aligned}
\tag{5.5}
$$

so ergeben sich die Matrixelemente als sog. Koeffizienten der partiellen Wirkung:

$$a_{ij} = \frac{\partial f_i}{\partial x_j}\ .$$

Die Transformationsmatrix stellt also die Beziehungen zwischen Input und Output ein und desselben Elementarsystems her. Sind die inneren Zustände des Elements nicht bekannt, wird solch ein Element *Blackbox* genannt.

Bei der Verwirklichung der Kopplung von (mindestens zwei) Elementarsystemen und damit ihrer „Zusammenschaltung" zum Gesamtsystem entstehen zwei Fragen. Erstens: wie koppeln Elementarsysteme, d. h. wie ist darstellbar, welches Element mit welchem Element gekoppelt ist? Dies ist die Frage nach der *Struktur des Gesamtsystems.* Zweitens: wie ändert sich der Output (Input) eines beliebigen Elementarsystems bei Änderung des Outputs (Inputs) eines beliebigen anderen Elementarsystems? Dies ist die Frage nach dem *Verhalten des Gesamtsystems.*

Das Gesamtsystem soll aus N Elementarsystemen bestehen. Jedes E werde durch einen hochgestellten Index gekennzeichnet. Zwei beliebige Elementarsysteme seien

$$E^{(r)} \text{ und } E^{(s)}, \text{ wobei } r,s\text{: } 1, 2, 3, \ldots N;\ r \neq s.$$

Eine Kopplung zwischen zwei Elementen liegt vor, wenn es mindestens eine Verbindung einer Output-Komponente von $y^{(r)}$ mit einer Input-Komponente von $x^{(s)}$ gibt. In Abbildung 10 sind die Komponenten als gestrichelte Linien gezeichnet.

Es ist möglich, daß die Kopplung einer Output-Komponente von $y^{(r)}$ mit mehreren Input-Komponenten von $x^{(s)}$ erfolgt, ebenso, daß mehrere Output-Komponenten von $y^{(r)}$ mit einer Input-Komponente von $x^{(s)}$ koppeln.

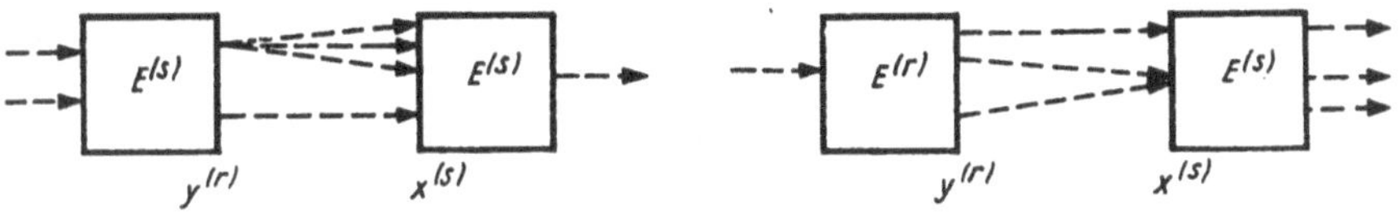

Abb. 10. Kopplung von Elementarsystemen

Was bei der Kopplung geschieht, interessiert hier nicht, wichtig ist nur die Existenz oder Nichtexistenz einer Kopplung.

Wird das Gekoppeltsein mit einer Eins und das Nichtgekoppeltsein mit einer Null gekennzeichnet, so kann als Ausdruck der Verbindung zweier Elementarsysteme eine *Kopplungsmatrix* K_{rs} (Null-Eins-Matrix) aufgestellt werden, welche nur Nullen und Einsen enthält. Es gilt dann

$$x^{(s)} = K_{rs}\, y^{(r)}. \tag{5.6}$$

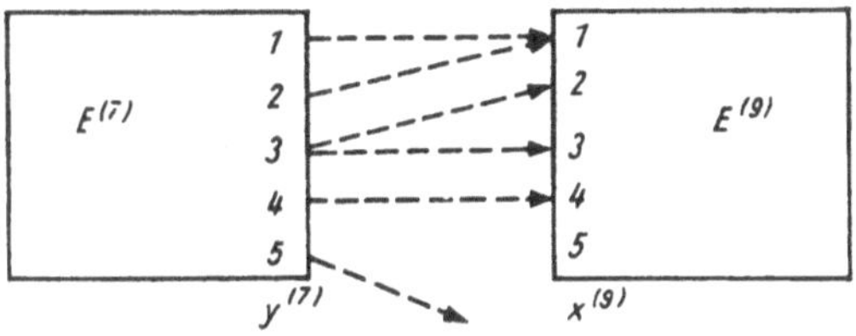

$$K_{79} = \begin{pmatrix} 1 & 0 & 0 & 0 \\ 1 & 0 & 0 & 0 \\ 0 & 1 & 1 & 0 \\ 0 & 0 & 0 & 1 \\ 0 & 0 & 0 & 0 \end{pmatrix}$$

Abb. 11. Beispiel einer Kopplung zweier Elementarsysteme

Im Beispiel der Abbildung 11 hat die Kopplungsmatrix 5 Zeilen (Anzahl der Output-Komponenten von $y^{(7)}$) und 4 Spalten (Anzahl der Input-Komponenten von $x^{(9)}$). Die Kopplungsmatrix ist im allgemeinen nicht quadratisch. Die Gesamtheit aller Kopplungen (oder: welches Elementarsystem mit welchem Elementarsystem verbunden ist) wird übersichtlich in der *Strukturmatrix* S des Gesamtsystems zusammengefaßt. Diese enthält alle Kopplungsmatrizen als Matrixelemente und ist selbstverständlich quadratisch. Die Anzahl der Matrixelemente beträgt $N \cdot N = N^2$. Wird der Fall ausgeschlossen, daß ein Elementarsystem auf sich selbst rückkoppelt (diese Bedingung ist nicht unbedingt notwendig), so entfallen diejenigen N Kopplungsmatrizen, welche als Matrixelemente die Diagonale besetzen (K_{11}, K_{22}, K_{33}, ... K_{NN}), und die Gesamtzahl der möglichen Verbindungen zwischen jeweils zwei Elementarsystemen beträgt

$$N^2 - N = N\,(N-1). \tag{5.7}$$

$$S = \begin{pmatrix} 0 & K_{12} & K_{13} & \dots & K_{1N} \\ K_{21} & 0 & K_{23} & \dots & K_{2N} \\ K_{31} & K_{32} & 0 & \dots & K_{3N} \\ . & & & & \\ . & & & & \\ . & & & & \\ K_{N1} & K_{N2} & K_{N3} & \dots & 0 \end{pmatrix}. \tag{5.8}$$

Der Wert $N^2 - N$ gilt selbstverständlich nur dann, wenn jede Input-Output-Kopplung einfach gezählt wird. Wird jedoch die Anzahl der koppelnden Komponenten berücksichtigt, ist die Gesamtzahl der Kopplungen gleich der Anzahl aller Einsen in allen Kopplungsmatrizen.

Koppelt ein Output eines höheren Elements auf den Input eines niederen, z. B. K_{32}, K_{N5}, . . ., so liegt Rückkopplung vor, das ist für alle $K_{rs} \neq 0$ links unterhalb der Diagonale der Strukturmatrix der Fall.

Das nahezu quadratische Ansteigen der Anzahl möglicher Kopplungen macht deutlich, wie schwierig die Beherrschung großer Systeme wird. Zwischen zehn Ländern sind beispielsweise 45 bilaterale Verträge möglich, zwischen 140 Mitgliedstaaten der UNO sind es fast 10 000. Oder: wollte jeder von 80 Teilnehmern einer Konferenz mit jedem anderen nur ein Gespräch führen, so wären das mehr als 3000 Gespräche. Oder: wenn die Prognostiker recht behalten und die Anzahl der Wissenschaftsgebiete an der Jahrtausendwende etwa 500 beträgt, so wäre die Anzahl der Randgebiete (auf denen bekanntlich besonders viel wissenschaftliches Neuland erschließbar ist), gleich 125 000. Selbst wenn in diesem „System der Wissenschaften" die Häfte aller Elemente der Strukturmatrix gleich Null wäre, so wird doch aus der verbleibenden Anzahl der Randgebiete deutlich, welche wahrhaft gigantischen Aufgaben vor der wissenschaftlichen Informationstätigkeit stehen.

Nachdem das Verhalten eines Elementarsystems (ausgedrückt durch die Transformationsmatrix A) und die Struktur des Gesamtsystems (ausgedrückt durch die Strukturmatrix S) bekannt sind, ist es möglich, nach dem Verhalten des Gesamtsystems zu fragen: wie ändert sich der Input (Output) eines beliebigen Elementarsystems, wenn sich der Input (Output) eines beliebigen anderen Elementarsystems ändert?

Dazu werde ein beliebiges Element $E^{(s)}$ aus der Menge der N Elemente ausgewählt; seine Verhaltensweise werde beschrieben durch

$$y^{(s)} = A_s \, x^{(s)} \tag{5.9}$$

mit A_s als dem *Transformationsoperator* von $E^{(s)}$. Die Kopplung des Elementes $E^{(s)}$ mit dem Element $E^{(r)}$ beschreibt die Kopplungsmatrix K_{rs}:

$$x^{(s)} = K_{rs} \, y^{(r)}. \tag{5.6}$$

Aus (5.9) und (5.6) folgt

$$y^{(s)} = A_s K_{rs} \, y^{(r)} \tag{5.10}$$

und mit $A_s K_{rs} = P_{rs}$

$$y^{(s)} = P_{rs} \, y^{(r)}. \tag{5.11}$$

Da r, s = 1, 2, 3, ... N mit $r \neq s$, so ist (5.11) die Beziehung für die Kopplung aller Outputs des Gesamtsystems miteinander.

Wird in (5.9) der Index s gegen r vertauscht, so folgt $y^{(r)} = A_r \, x^{(r)}$, dies eingesetzt in (5.6) ergibt $x^{(s)} = K_{rs} A_r \, x^{(r)}$ und mit $K_{rs} A_r = R_{rs}$ folgt

$$x^{(s)} = R_{rs} \, x^{(r)} \tag{5.12}$$

als Beziehung für die Kopplung aller Inputs des Gesamtsystems miteinander. Das Verhalten des Gesamtsystems ist somit über die Struktur des Gesamtsystems auf das Verhalten der Elementarsysteme zurückgeführt. Übersicht 3 faßt die hergeleiteten Beziehungen zusammen.

In Übersicht 4 sind Verhaltensweisen einfachster Elementarsysteme zusammengestellt. Die drei wiedergegebenen Typen von Blackboxes reagieren auf eine Einwirkung aus der Umgebung im Sinne der *Negation* („Nicht"-Box), *Konjunktion* („Und"-Box) und *Disjunktion* („Oder"-Box). Den Überblick über die entsprechenden Verhaltensweisen geben Verknüpfungstabellen. Die Grundverknüpfungen der formalen Logik spiegeln sich in diesen Tabellen ebenfalls wider. Die Darstellbarkeit dieser einfachen Bausteine etwa durch Schaltsymbole, ihre Berechenbarkeit im Rahmen einer Schaltalgebra und die technische Realisierbarkeit, etwa durch elektronische Schalter, offenbaren einen eindrucksvollen Zusammenhang zwischen logischen Strukturen und modernen technischen Gebilden der Informationsverarbeitung. Die rie-

Übersicht 3
Größen zur Beschreibung der Kopplung von Elementarsystemen

Größe	Bedeutung
Transformationsmatrix A eines Elementarsystems	(Output-Input)-Verhalten eines einzelnen Elementarsystems
Kopplungsmatrix K_{rs} zweier beliebiger Elementarsysteme	Kopplung der Elementarsysteme $E^{(r)}$ und $E^{(s)}$; Null-Eins-Matrix
Strukturmatrix S des Gesamtsystems	Kopplung aller Elementarsysteme; Struktur des Gesamtsystems
Transformationsoperatoren P_{rs} bzw. R_{rs}	(Output-Output)-Verhalten bzw. (Input-Input)-Verhalten zweier beliebiger Elementarsysteme

sige praktische Bedeutung dieser einfachen Elementarsysteme besteht darin, daß aus tausenden und abertausenden von ihnen die universellen programmierbaren Digitalrechner aufgebaut sind.

Aber auch die wissenschaftliche Informationstätigkeit hat in steigendem Maße mit logischen Strukturen zu tun, dann nämlich, wenn mit Fragestrukturen, in denen Suchmerkmale logisch verknüpft sind, Informationen aus Speichern herausgesucht werden müssen, in denen diese mit ihren Merkmalen aufbewahrt sind. Hierbei ist die Verknüpfung von Suchmerkmalen durch die logischen Grundoperationen „Negation", „Konjunktion" und „Disjunktion" wesentlich (vgl. hierzu Kapitel 6.). Der Dialog des Nutzers mit modernen rechnergestützten Systemen der wissenschaftlichen Information verläuft hauptsächlich auf diese Weise.

Leider lassen sich derartige Erfolge für die systemtheoretische Erfassung des Gesamtsystems der wissenschaftlichen Kommunikation nicht verzeichnen. Die Schwierigkeiten, das System zu modellieren, beginnen bereits bei der Bestimmung der aktiven Elemente. Offenbar sind dies in erster Linie kommunizierende Menschen. Wie aber ist das Verhalten eines Wissenschaftlers beschreibbar, der eine wissenschaftliche Information aufnimmt – und sich unter deren Einfluß selbst verändert –, wie sieht danach sein „output" an wissenschaftlicher Information aus? Wie „koppeln", kommunizieren Forscher, etwa im wissenschaftlichen Gespräch? Gehören zu den aktiven Elementen des Systems auch die wissenschaftlichen Bibliotheken, die Informationszentren und Informationssysteme? Wie bewegt sich die wissenschaftliche

Übersicht 4
Einfachste Elementarsysteme (Blackboxes) und ihr Verhalten

Blackboxes	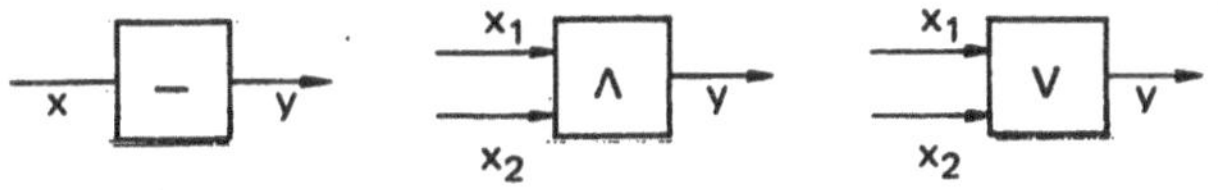		
	„Nicht"-Box	„Und"-Box	„Oder"-Box
Verknüpfungstabellen (Wertebereich 0,1)	x | $y = \bar{x}$ 0 | 1 1 | 0	x_1 x_2 | y 0 0 | 0 1 0 | 0 0 1 | 0 1 1 | 1	x_1 x_2 | y 0 0 | 0 1 0 | 1 0 1 | 1 1 1 | 1
logische Grundverknüpfungen	Die Aussage $\bar{x}$ ist wahr, wenn x falsch ist, und umgekehrt. Kontradiktorisches Gegenteil	Die Aussage $x_1 \wedge x_2$ ist dann und nur dann wahr, wenn sowohl x_1 als auch x_2 wahr ist. Konjunktion	Die Aussage $x_1 \vee x_2$ ist dann und nur dann falsch, wenn sowohl x_1 als auch x_2 falsch ist. Disjunktion
Realisierung mit Schaltern	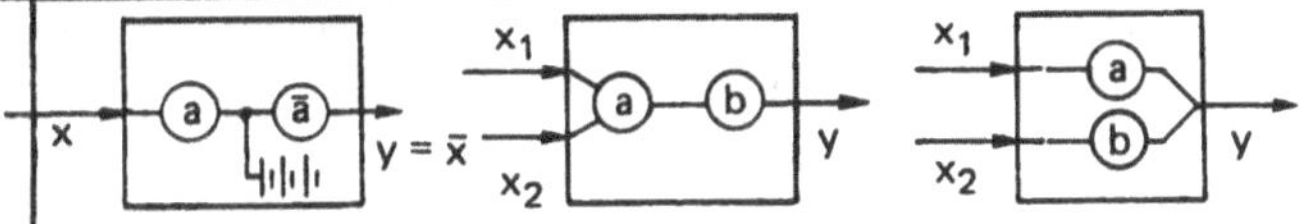		
	ā schließt, wenn a offen (x = 1), und umgekehrt	a öffnet, wenn $x_1 = 1$, und umgekehrt b öffnet, wenn $x_2 = 1$, und umgekehrt	
Schaltsymbole	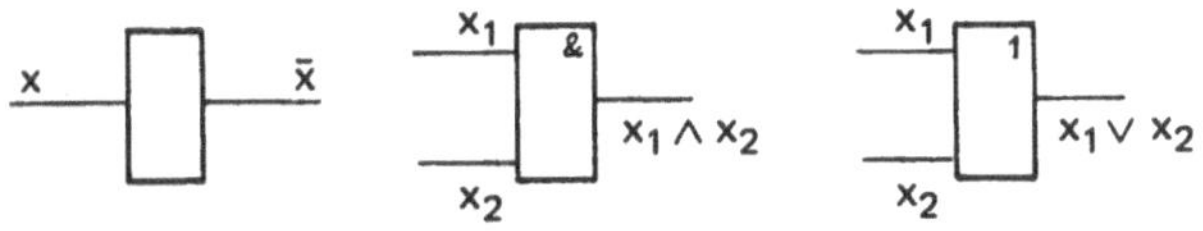		
	Negationsglied	Konjunktionsglied	Disjunktionsglied
Schaltalgebra	$\bar{0} = 1$ $\bar{1} = 0$	$0 \wedge 0 = 0$ $1 \wedge 0 = 0$ $0 \wedge 1 = 0$ $1 \wedge 1 = 1$	$0 \vee 0 = 0$ $1 \vee 0 = 1$ $0 \vee 1 = 1$ $1 \vee 1 = 1$
	Negation	Konjunktion	Disjunktion

Information im System? Vor allem, was ist die wissenschaftliche Information selbst, welches sind ihre Merkmale und Eigenschaften, woran läßt sie sich erkennen, wie messen?

Keine dieser Fragen hat bis jetzt eine befriedigende Beantwortung erfahren, es ist nicht einmal sicher, ob alle wesentlichen Fragen schon formuliert worden sind. Es ist aber gewiß, daß solche für Grundlagenforschungen typischen Fragen um so besser aufgespürt und untersucht werden können, je stärker sich das Systemdenken auch in der Informatikforschung durchsetzt (vgl. hierzu die ersten Ergebnisse der sowjetischen Informatikforschung bei der Modellierung des Einheitlichen Systems der wissenschaftlich-technischen Information in der Arbeit [140]).

5.2. Informationsaspekte und statistisches Maß der Information

In materiellen Gesamtsystemen ist die Kopplung der Elementarsysteme auf unterschiedliche Weise gegeben. Es können stoffliche, energetische und informationelle Prozesse (entsprechend mit Stoff-, Energie- und Informationsaustausch) stattfinden. Beispiele sind: der Materialfluß in einem Produktionsbetrieb, der Energiefluß in einem Energieverbundnetz und der Informationsfluß in einem weitverzweigten meteorologischen System zur Wettervorhersage.

In realen Systemen gehen häufig alle drei Arten von Prozessen vor sich. Selbstverständlich sind informationelle Prozesse stets an stoffliche Trägerprozesse gebunden. Dennoch hat es sich bewährt, Systeme, in denen der Ablauf von informationellen Prozessen das Wesentliche des Systems ist, als informationelle Systeme zu untersuchen. Das trifft insbesondere auf die gesteuerten, die kybernetischen Systeme zu, bei deren Behandlung von stofflichen und energetischen Kopplungen abstrahiert wird, da die informationellen Kopplungen dominieren.

Beispiele für informationelle Kopplungen sind in allen Systemen der Nachrichtenübertragung, des Verkehrs und der Verwaltung zu finden. Sie bestehen in Computern genauso wie in Bakterien, sie sind unentbehrlich für die Weitergabe des genetischen Codes und für das Gespräch zwischen zwei Wissenschaftlern.

Es liegt nahe, auch das System der wissenschaftlichen Kommunikation als informationelles System aufzufassen, denn das Wesen dieses Systems besteht nicht in tausenden Tonnen bedruckten Papiers und auch nicht im Energiebedarf eines Informationsnetzes.

Zunächst werde versucht, die elementare Form der wissenschaftlichen Kommunikation, das persönliche Gespräch (vgl. Abbildung 1) mit Hilfe von

Begriffen aus der technischen Nachrichtenübertragung zu interpretieren. Dazu wird das Partnerbild in einer Weise vereinfacht, wie es Abbildung 12 zeigt.[33]

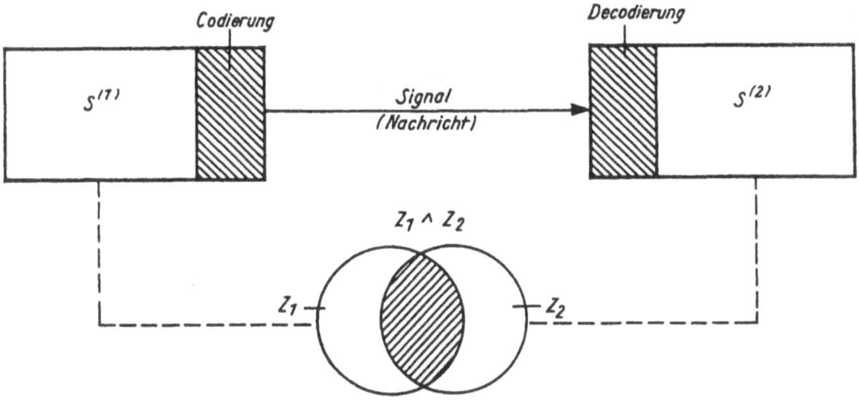

Abb. 12. Schema einer informationellen Kopplung (nach [120], S. 284)

Die „Partner" $S^{(1)}$ und $S^{(2)}$ müssen einander verstehen. Das bedeutet, daß sie einer vereinbarten Sprache bedürfen. Oft ist es nicht eine natürliche oder die Muttersprache, sondern eine künstliche Sprache, eine *„Informationssprache"*, die auf den bestimmten Zweck der informationellen Kopplung zugeschnitten ist. Die vereinbarte Informationssprache ist in jedem Fall einfacher als die natürliche Sprache. Es haben sich Hunderte von Informationssprachen herausgebildet [130].

Vorrichtungen zur Codierung bzw. Decodierung sind gewissermaßen „Übersetzer" aus der vereinbarten Sprache der Systeme $S^{(1)}$ und $S^{(2)}$ in diejenige Sprache S', in welcher die Signalübertragung erfolgt, bzw. „Rückübersetzer" aus dieser Sprache S' in die Sprache der Systeme. Als Sprache der beiden Systeme werde jeweils ein *Repertoire von Zeichen* (etwa Buchstaben oder Wörter usw.) Z_1 bzw. Z_2 angenommen. Bedingung für ein „Verstehen" ist dann, daß es für beide Repertoires einen Zeichenvorrat $Z_1 \wedge Z_2$ (die Informationssprache) gibt, der sowohl dem Repertoire Z_1 als auch dem Repertoire Z_2 angehört.

Eine Beschäftigung mit informationellen Kopplungen, mit Informationsübertragung, führt also zwangsläufig zur Konfrontation mit dem Sprachproblem.

33 Wie die Informationsübertragung technisch verwirklicht wird, interessiert hier nicht.

Die allgemeine Sprachtheorie, die Theorie der sprachlichen Zeichen, ist die *Semiotik.* Allgemein ist eine Sprache aus einer Menge von Zeichen und dazugehörigen Regeln zur Konstruktion von Wörtern aus diesen Zeichen aufgebaut [120]. Die Semiotik untergliedert sich in die Syntaktik, die Semantik und die Pragmatik.

Die *Syntaktik* untersucht die Syntax, also das System von Regeln einer Sprache, nach dem man aus den sprachlichen Zeichen die zulässigen Sätze und Ausdrücke der Sprache bilden kann.

Semantik ist die Lehre von den Wortbedeutungen (nach Auffassung des dialektischen Materialismus ist die Bedeutung eines Wortes durch den Begriff gegeben, den es ausdrückt) [120].

Die *Pragmatik* behandelt die Beziehungen zwischen den Zeichen und den Menschen, die diese Zeichen erzeugen und verwenden.

Den drei Teildisziplinen der Semiotik entsprechend existieren drei *Aspekte der Information:* der syntaktische, der semantische und der pragmatische Aspekt. Beispielsweise wäre die Zeichenfolge

J U L O – P O Z A L O S

vom syntaktischen Standpunkt aus eine richtige, eine erlaubte Folge, da sie sich aus erlaubten Zeichen, Buchstaben des Alphabets einer Sprache zusammensetzt. Eine Bedeutung, einen semantischen Wert wird der Empfänger in ihr nicht erkennen, noch weniger einen pragmatischen Wert. Die sich aus denselben Zeichen zusammensetzende Folge

S O J U Z – A P O L L O

ist dagegen nicht nur syntaktisch richtig, sie wird auch in ihrer Semantik, ihrer Bedeutung sofort verstanden, wogegen die Breite der pragmatischen Werteskala z. B. davon abhängt, ob, wo und wie der Empfänger dieses berühmte Weltraumunternehmen miterleben konnte.

Im folgenden wird ein quantitatives *Maß für Information* abgeleitet, dessen syntaktischer Charakter allerdings von vornherein betont werden soll.

Es werde angenommen, daß der gemeinsame Zeichenvorrat nicht groß sei und aus den Zeichen A, B, C, D, E, F, G und H bestehe. Das System $S^{(1)}$ soll dem System $S^{(2)}$ das Zeichen F übermitteln. Vor der Übermittlung wird das Zeichen verschlüsselt, codiert. Dabei solle eine *binäre Codierung* verwendet werden, d. h. es soll die Übersetzung des Zeichens in eine Sprache S' erfolgen, deren Alphabet nur aus zwei Zeichen besteht. Die binäre Codierung ist eine wesentliche Grundlage der Informationstheorie und der technischen Realisierung informationsverarbeitender Systeme. Die Paarungen links–rechts, auf–zu, ein–aus, ja–nein, Punkt–Strich, erregt–ruhig, 1–0, wahr–falsch sind überall anzutreffen: in logischen Systemen, in Relais- und elektronischen Schaltungen und im Nervensystem.

Abbildung 13 zeigt, wie in aufeinanderfolgenden Schritten, nach rechts oder links, von einem Ausgangspunkt aus jedes der acht Zeichen erreichbar ist. Die Schrittfolge (links – rechts – links usw.) entspricht der Zeichenfolge in der Binärsprache (0 – 1 – 0 usw.). Mit drei Schritten wird jedes Zeichen erreicht. Zum Zeichen F führen die Schritte rechts – links – rechts, es hat die Binärcodierung 101.

Übersicht 5
Zusammenhang zwischen Anzahl der Binärschritte und Anzahl der erreichbaren Zeichen

Anzahl der Binärschritte	Anzahl der erreichbaren Zeichen
1	$2 = 2^1$
2	$4 = 2^2$
3	$8 = 2^3$
.	.
.	.
10	$1024 = 2^{10}$
.	.
.	.
m	2^m

Mit einer Folge von m Binärzeichen wird ein bestimmtes aus 2^m Zeichen auswählbar. Umgekehrt: sind $N = 2^m$ Zeichen vorhanden, so genügen zur Identifizierung eines speziellen Zeichens aus dieser Menge

$$[\mathrm{ld}\ N] = m \tag{5.13}$$

Binärzeichen. Die eckige Klammer bedeutet: die zu ld N nächstgrößere ganze Zahl, z. B. 27 Zeichen, [ld 27] = 5, weil $2^5 = 32$, mit einer Folge von 5 Binärzeichen lassen sich 32 Zeichen verschlüsseln. ld ist der logarithmus dualis.

Es liegt nahe, die Anzahl der Entscheidungsschritte links – rechts, also

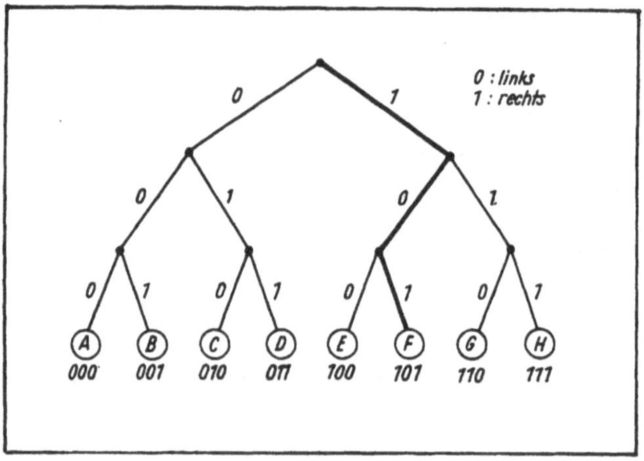

Abb. 13. Binäre Codierung von 8 Zeichen gleicher Häufigkeit

die Anzahl der erforderlichen Binärzeichen als Maß für den Informationsgehalt eines Zeichens zu wählen. Die entsprechende Einheit

1 bit (binary digit)

ist der *Informationsgehalt* einer Entscheidung zwischen zwei Möglichkeiten. Beispielsweise können auf einem 5spurigen Lochstreifen 5 bit nebeneinander untergebracht werden, das entspricht $2^5 = 32$ möglichen Zeichen. Auf einem Schachbrett mit 64 Feldern (weiß oder schwarz) lassen sich 2^{64} verschiedene Bilder erzeugen, zwischen 'alles weiß' und 'alles schwarz'.

Die binäre Codierung ist die effektivste: es ist kein Codierverfahren bekannt, das zur eindeutigen Kennzeichnung eines bestimmten Zeichens von N Zeichen weniger als [ld N] bit benötigt.

Findet die Übertragung von N Zeichen eines bestimmten Repertoires im statistischen Wechsel statt, so ist die Codierung jedes Zeichens durch [ld N] Binärzeichen nur gerechtfertigt, wenn alle Zeichen gleich häufig übertragen werden. In der Praxis kommt aber beispielsweise der Buchstabe e viel häufiger vor als der Buchstabe x. Aus zeitökonomischen Gründen ist es wünschenswert, die Anzahl der Binärzeichen, die für die Übertragung eines Textes benötigt werden, zu minimieren, mit anderen Worten, den mittleren Informationsgehalt je Zeichen so klein wie möglich zu machen. Der Schöpfer des Morsealphabetes ist bereits so verfahren, daß er die häufig vorkommenden Buchstaben kürzer, die selteneren dagegen länger codierte: z. B. e = .; x = –. .– .

An einem Beispiel (vgl. Abbildung 14) sei erläutert, wie sich die Codierung bei ungleicher Häufigkeit des Auftretens der Zeichen umgestalten und ein kleinerer mittlerer Informationsgehalt je Zeichen erreichen läßt, als es bei gleicher Häufigkeit der Fall wäre.

Die Zeichen des Repertoires A, B, C, D, E, F, G, H seien mit folgenden Häufigkeiten gegeben: die Zeichen A und B treten in je einem Viertel, die Zeichen C und D in je einem Achtel und die Zeichen E, F, G, H in je einem Sechzehntel aller Fälle auf, als Wahrscheinlichkeiten ausgedrückt:

$$p_A = p_B = \frac{1}{4}, \; p_C = p_D = \frac{1}{8}, \; p_E = p_F = p_G = p_H = \frac{1}{16}.$$

Zu den häufigsten Zeichen A und B werde versucht, in nur zwei Schritten zu gelangen, zu den Zeichen C und D, deren Häufigkeit derjenigen der Gleichverteilung entspricht, in drei Schritten und zu den am seltensten vorkommenden Zeichen E, F, G, H in vier Schritten. Die Zahl der benötigten bit $I(Z_i)$ für ein Zeichen Z_i, das mit der Wahrscheinlichkeit p_i auftritt, steht offenbar über die Beziehung

$$I(Z_i) = \text{ld}\,\frac{1}{p_i} \quad \text{(bit/Zeichen)} \tag{5.14}$$

in direktem Zusammenhang mit dieser Wahrscheinlichkeit. In dem gewählten Beispiel wird

$$I(A) = I(B) = \text{ld}\,\frac{1}{\frac{1}{4}} = \text{ld}\;4 = 2$$

$$I(C) = I(D) = \text{ld}\,\frac{1}{\frac{1}{8}} = \text{ld}\;8 = 3$$

$$I(E) = I(F) = I(G) = I(H) = \text{ld}\,\frac{1}{\frac{1}{16}} = \text{ld}\;16 = 4.$$

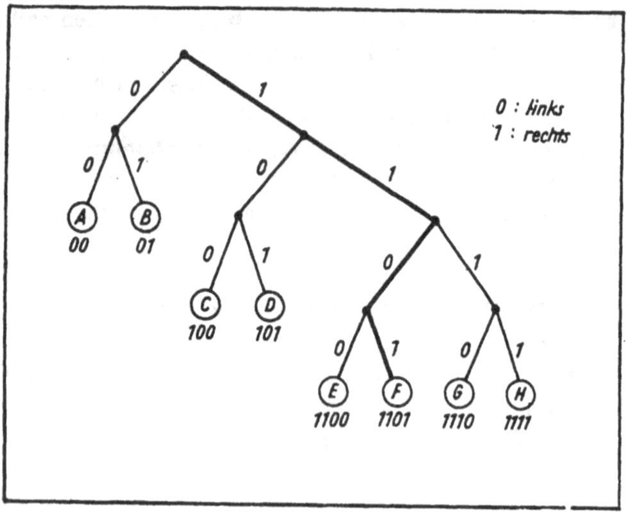

Abb. 14. Binäre Codierung von 8 Zeichen unterschiedlicher Häufigkeit

Je wahrscheinlicher ein Zeichen ist, desto geringer ist die Anzahl der Binärzeichen, je seltener ein Zeichen ist, desto weiter muß in die Verästelungen des „Baumes" vorgedrungen werden, desto höher ist sein Informationsgehalt, desto mehr Binärzeichen benötigt man zur Codierung.

Der *mittlere Informationsgehalt* eines Zeichens des Repertoires läßt sich unter Berücksichtigung aller Häufigkeiten angeben, er beträgt (Häufigkeit mal bits summiert über alle Fälle)

$$\frac{1}{4}\cdot 2+\frac{1}{4}\cdot 2+\frac{1}{8}\cdot 3+\frac{1}{8}\cdot 3+\frac{1}{16}\cdot 4+\frac{1}{16}\cdot 4+\frac{1}{16}\cdot 4+\frac{1}{16}\cdot 4 = 2\frac{3}{4}\,.$$

Das ist in der Tat ein geringerer Wert als jener, der sich bei Gleichhäufigkeit ergibt:

$$8 \cdot \frac{1}{8} \cdot 3 = 3.$$

Den Ausdruck für den mittleren Informationsgehalt H eines Zeichens aus einem Repertoire von N Zeichen, die mit den Häufigkeiten p_i gegeben sind, hat zuerst C. E. SHANNON abgeleitet [34]. Er lautet:

$$H = \sum_{i=1}^{N} p_i \, \mathrm{ld} \, \frac{1}{p_i} = - \sum_{i=1}^{N} p_i \, \mathrm{ld} \, p_i \quad \text{(bit/Zeichen)}$$
$$\text{mit} \sum_{i=1}^{N} p_i = 1 \qquad \text{und } i = 1 \ldots N. \tag{5.15}$$

Bei Gleichhäufigkeit aller Zeichen ist $p_i = \frac{1}{N}$ für alle i und

$H = \sum_{i=1}^{N} \frac{1}{N} \, \mathrm{ld} \, N = \mathrm{ld} \, N = H_{max}$; existiert nur ein Zeichen, so ist p = 1

und $H = 1 \cdot \mathrm{ld}\, 1 = 0 = H_{min}$, das heißt in diesem Fall kann keine Information übertragen werden (Dauerton, blauer Himmel). Zusammengefaßt:

$$H_{min} = 0 < H < H_{max} = \mathrm{ld} \, N. \tag{5.16}$$

Das Informationsmaß bit/Zeichen ist für die Nachrichtentechnik und für bestimmte Klassen von Informationen von fundamentaler Bedeutung. Wird es auf die Buchstaben der natürlichen Sprache angewendet, so sind folgende Überlegungen möglich:

Der mittlere Informationsgehalt eines Buchstabens in einem Alphabet von 32 Buchstaben beträgt 5 bit/Buchstabe. Da in der natürlichen Sprache die Buchstaben mit sehr unterschiedlichen Häufigkeiten vertreten sind, verringert sich dieser Wert. Die Anzahl der möglichen Texte ist kleiner, wenn diese Häufigkeiten berücksichtigt werden, als die Anzahl der Texte, die sich nur aus der Permutation gleichhäufiger Buchstaben bilden ließen. Der mittlere Informationsgehalt eines Buchstabens geht weiter zurück, wenn in die Betrachtung erst die Häufigkeiten von Buchstabenpaaren, dann von Buchstabentripeln usf. einbezogen werden. Je stärker die Beschränkungen werden, welche den Buchstabenaggregationen auferlegt sind, desto geringer wird die Anzahl der noch möglichen Texte. Ein Computer, der die Häufigkeit auch der höheren Buchstabenaggregationen kennt und statistisch Texte produziert, bringt durchaus Sätze hervor, die wie Sätze der natürlichen Sprache klingen.

Je geringer die Anzahl der möglichen Texte wird, desto wahrscheinlicher wird deren Vorkommen, desto geringer der mittlere Informationsgehalt eines Buchstabens und damit auch der Informationsgehalt des gesamten Textes.[34]

Daß das *bit kein Maß für die semantische Information* sein kann, wird daran deutlich, daß zwei Zeichenketten (etwa JULO–POZALOS und SOJUS–APOLLO) trotz unterschiedlicher Bedeutung den gleichen SHANNON'schen Informationsgehalt besitzen können. Selbstverständlich entzieht sich erst recht der wissenschaftliche Gehalt, der Wert einer wissenschaftlichen Information, vorläufig einer exakten Bestimmung. Dafür fehlen gegenwärtig die wissenschaftlichen Voraussetzungen.

Die Hoffnungen, welche dennoch in das syntaktische Maß der Information gesetzt worden sind, erhielten auch dadurch Nahrung, daß es – begründet durch die statistische, wahrscheinlichkeitstheoretische Art der Ableitung – eine formale Ähnlichkeit mit der fundamentalen thermodynamischen Zustandsgröße Entropie aufweist.[35] Beide Größen sind dem Logarithmus einer Wahrscheinlichkeit proportional und unterscheiden sich nur im Vorzeichen. Bei einer Gleichsetzung der Größen müßte daher formuliert werden:

„Information ist gleich Negentropie" oder

„Entropie ist gleich Neginformation".

Es gibt zahlreiche Versuche, diesen merkwürdigen Gleichungen einen Sinn zu verleihen. Eine Ausdeutung durch V. N. TROSTNIKOV ([35], S. 176f) sei hier wiedergegeben.

Der Prozeß der menschlichen Erkenntnis ist nicht hauptsächlich Anhäufung von Wissen, von Information, sonst müßte das Auswendiglernen einer Enzyklopädie zu den größten geistigen Erlebnissen gehören. Der Mensch ist vielmehr darauf aus, Informationen über Gesetzmäßigkeiten und Zusammenhänge zu erlangen, die es ihm ermöglichen, große Informationsmengen, die sich als unzureichende Kenntnis der wahren Zusammenhänge angehäuft hatten, nun als Informationsballast abzustoßen. Dieser Prozeß wäre dann gleich-

34 Hierauf beruht eine Anekdote von A. MOLES ([131], S. 93): Ein Schimpanse kommt in eine Druckerei und wirft alle Buchstaben eines schon gesetzten Textes in ein Säckchen und beginnt, die Zeilen neu mit Buchstaben zu füllen. Da er keinen Intellekt besitzt, kann er nicht lesen, was er setzt, er weiß auch nichts über die Häufigkeit bestimmter Buchstabenaggregationen. Ohne Zusammenhang fügen sich die vorhandenen Buchstaben zu einem neuen Text, dessen SHANNONscher Informationsgehalt nun größer als der des ursprünglichen Textes ist!

35 Eine Fülle von Überlegungen zum Zusammenhang zwischen Information und Wahrscheinlichkeit haben A. M. JAGLOM und I. M. JAGLOM beigesteuert [141].

bedeutend mit einem „Gewinn an Neginformation" und damit der Erhöhung der Entropie. „Das ‚Heureka!' des ARCHIMEDES war nichts anderes als der Ruf des Vergnügens über den Empfang einer riesigen Menge negativer Information und einer plötzlichen Vergrößerung der Entropie des Bewußtseins" ([35], S. 180).[36]

Wenn das Problem der wissenschaftlichen Information nur ein syntaktisches Problem wäre, das von den technischen Möglichkeiten abhängt, wieviel bit gespeichert werden und mit welcher Geschwindigkeit sie verarbeitet werden können, so wäre seine Lösung einfach, denn Speicher- und Verarbeitungsmöglichkeiten moderner EDVA wachsen schneller, als wissenschaftliche Information, im syntaktischen Sinne, erzeugt wird.

Aber die Entdeckung des syntaktischen Maßes der Information war nur ein erster hervorragender Schritt in das Neuland des Phänomens Information. Die Erschließung des Gebietes der semantischen Information oder gar der sozialen Information beginnt erst.

Zur semantischen Information gehört auch die wissenschaftliche Information. Der Begriffsbestimmung und einigen Eigenschaften der wissenschaftlichen Information ist der folgende Abschnitt gewidmet.

5.3. Wissenschaftliche Information

Eine Bestimmung der „wissenschaftlichen Information", des Forschungsgegenstandes der Informatik, ist vor mehr als einem Jahrzehnt von A. I. MICHAJLOV, A. I. ČERNYJ und R. S. GILJAREVSKIJ [75] gegeben und seither weiterentwickelt worden:

> *„Wissenschaftliche Information ist im Erkenntnisprozeß gewonnene logische Information, welche die Erscheinungen und Gesetze in Natur, Gesellschaft und Denken adäquat widerspiegelt und in der gesellschaftlich-historischen Praxis genutzt wird"* ([30], S. 73).

Diese Begriffsbestimmung enthält diejenigen *Merkmale,* welche für die Festlegung *des Begriffs wissenschaftliche Information* notwendig und hinreichend sind.[37]

36 H. v. HELMHOLTZ: „Unser Wissen soll aber nicht in der Form der Kataloge liegen bleiben; denn eben, daß wir es in dieser Form, schwarz auf weiß gedruckt, äußerlich mit uns herumtragen müssen, zeigt an, daß wir es geistig nicht bezwungen haben. Es ist nicht genug, die Thatsachen zu kennen; Wissenschaft entsteht erst, wenn sich ihr Gesetz und ihre Ursachen enthüllen" ([142], S. 169).

37 Die Ausführungen dieses Abschnitts folgen weitgehend der Diskussion, die in [30] über die wissenschaftliche Information geführt wird.

Das Feld menschlicher Erkenntnis, die Praxis, umfaßt die materielle Produktion und die Wissenschaft ebenso wie die Gestaltung der menschlichen Gesellschaft. Daher ist die gesamte Praxis und nicht etwa nur die wissenschaftliche Forschungstätigkeit Quelle für wissenschaftliche Information.

Nicht jegliche Information ist schon wissenschaftliche Information, wenn sie im Prozeß der Erkenntnis der Außenwelt und der geistigen menschlichen Tätigkeit gewonnen wurde. Erst wenn sie im Prozeß abstrakt-logischen Verarbeitens sprachliche Gestalt angenommen hat, ist sie wissenschaftliche Information. Das unterscheidet sie beispielsweise von der ästhetischen Information.

Adäquatheit der Widerspiegelung der Realität durch die wissenschaftliche Information bedeutet, daß diese geeignet sein muß, den von der Menschheit bereits erreichten Wissensstand zu erweitern. Der Mensch kann offenbar wissenschaftliche Information erst produzieren, wenn er den aktuellen Wissensstand in sich aufgenommen hat.

Die Bindung der wissenschaftlichen Information an die gesellschaftlich-historische Praxis gewährleistet eine fortwährende Überprüfung der vorhandenen und die Aussonderung überholter Information, aber auch die Zurückweisung wissenschaftlicher Phantasterei.

Die formale Struktur der wissenschaftlichen Information steigt von der niedersten Stufe wie Buchstaben, Sätzen usw. hierarchisch auf bis zur höchsten Stufe, der wissenschaftlichen Literatur, die als besondere soziale Erscheinung zur Sphäre der wissenschaftlichen Kommunikation gehört. Unterschiedliche Arten und allgemeine Struktur der wissenschaftlichen Information werden in dieser Schrift nicht behandelt.

Wissenschaftliche Information läßt sich durch eine Reihe von *Eigenschaften* charakterisieren, die erst in ihrer Gesamtheit bestimmen, was Information aus der semantischen und sozialen Information heraushebt und zu *wissenschaftlicher Information* werden läßt (vgl. Tabelle 1).

. Wissenschaftliche Information ist immer an einen physikalischen Träger gebunden.

. Wissenschaftliche Information ist im allgemeinen nichtadditiv, nichtkommutativ und nichtassoziativ ([143], S. 293). Einfache Regeln der Algebra lassen sich auf die Elemente einer wissenschaftlichen Mitteilung nicht unbedingt anwenden.

. Wissenschaftliche Information besitzt Wert für ihren Empfänger. Dieser Wert ist an das Ziel gebunden, welches der Empfänger mit Hilfe der Information zu erreichen sucht oder neu bestimmt. Da Zielvorstellungen stets mit (z. B. kybernetischen) Vorgängen in der belebten Natur

Tabelle 1
Spezifische Eigenschaften der wissenschaftlichen Information (nach [30], S. 93)

Eigenschaft	Art der Information			
	nicht-soziale	soziale		
		nicht-semantische	semantische	
			nicht-wissenschaftliche	wissenschaftliche
Gebundenheit an physikalische Träger	+	+	+	+
Nichtadditivität, Nichtkommutativität, Nichtassoziativität		+	+	+
Wert, Nutzen		+	+	+
gesellschaftliche Natur		+	+	+
semantischer Charakter			+	+
sprachliche Natur			+	+
Unabhängigkeit der Bedeutung von Art der Sprache und des Trägers			+	+
Diskretheit			+	+
Kumulierbarkeit				+
Unabhängigkeit vom Erzeuger				+
Altern				+
Streuen				+

verbunden sind, folgt hieraus, daß es in der unbelebten Natur keine wissenschaftliche Information gibt.

- Wissenschaftliche Information ist gesellschaftlicher Natur. Das lehren alle Prozesse der wissenschaftlichen Kommunikation, vom Dialog bis zur Wechselwirkung des Menschen mit dem bereits angehäuften Wissen der Menschheit.
- Wissenschaftliche Information hat semantischen Charakter, sie ist stets mit Bedeutung behaftet. Hieraus folgt die Gebundenheit der wissenschaftlichen Information an den sprachlich agierenden Menschen.
- Wissenschaftliche Information ist sprachlicher Natur, denn Bedeutung, semantischen Inhalt erhält eine Information erst im Ergebnis abstraktlogischen Denkens, das ohne Sprache unmöglich ist.
- Wissenschaftliche Information ist in ihrem Inhalt von der Art der Sprache und von der Art des physikalischen Trägers unabhängig. Diese Invarianzeigenschaft der wissenschaftlichen Information ist nicht nur fundamentale Voraussetzung für einen wissenschaftlichen Austausch innerhalb der menschlichen Gesellschaft und für die Mannigfaltigkeit des materiellen Gewandes, in dem wissenschaftliche Information aufzutreten vermag, sie unterscheidet auch die wissenschaftliche Information von der ästhetischen Information.
- Wissenschaftliche Information ist diskret. Das rührt her von der Diskretheit der sprachlichen Zeichen, mittels derer wissenschaftliche Information gebildet wird, aber auch von der zeitlichen Entstehungsweise, in der die „Quanten" der Information, die im Denkprozeß entstandenen und schriftlich fixierten wissenschaftlichen Produkte hervorgebracht werden.
- Wissenschaftliche Information ist kumulativ. Jeder Wissenschaftler kann und muß aufbauen auf dem gegenwärtigen Stand der Erkenntnis, zu dem alle vorangegangenen Generationen beigetragen haben.
- Wissenschaftliche Information ist von ihrem Schöpfer unabhängig. Auch hierin unterscheidet sie sich von der ästhetischen Information.
- Wissenschaftliche Information altert.
- Wissenschaftliche Information unterliegt der Streuung. Diese Eigenschaft hängt eng zusammen mit den Differenzierungs- und Integrationsprozessen der Wissenschaft.

Es ist keineswegs erwiesen, ob diese Aufzählung vollständig ist, oder ob nicht einzelne Eigenschaften aus anderen abgeleitet werden können. Zahlreiche Eigenschaften, wie z. B. das Altern und Streuen wissenschaftlicher Information, werden bereits jetzt von der Informatik intensiv untersucht. Erste Erkenntnisse (vgl. auch Kapitel 9.) haben bereits Eingang in die Praxis der wissenschaftlichen Informationstätigkeit gefunden.

In diesem Kapitel wurden zwei unterschiedliche Klassen von Informationen beschrieben. Für die eine gibt es ein Maß, das bit. Mit dieser Klasse „rechnet" der Computer. Die Mengen „digitalisierter" Information, die von ihm verarbeitet werden können, sind nahezu unbegrenzt. Die technischen Mittel der Kybernetik stehen Gewehr bei Fuß, um an der Lösung des Problems der wissenschaftlichen Information teilzuhaben.

Die andere Klasse ist die der wissenschaftlichen Informationen, die im System der wissenschaftlichen Kommunikation zirkulieren. Wissenschaftliche Information läßt sich vorläufig nur durch die Gesamtheit der aufgezählten Merkmale und Eigenschaften charakterisieren. Sie sind Forschungsgegenstand der Informatik. Diese muß – um im Bild zu bleiben – das Terrain sondieren, auf dem der Rechner sinnvoll und wirkungsvoll einsetzbar ist. Die Theorie der wissenschaftlichen Kommunikation, die von der Informatik auszuarbeiten ist, erweist sich als dringend benötigtes Zwischenglied, ohne das wissenschaftliche Informationstätigkeit und auch wissenschaftliche Forschungstätigkeit nicht aus ihrem widerspruchsvollen empirischen Stadium herausgeführt werden können.

6. Einige Grundlagen wissenschaftlicher Informationstätigkeit

> „Wie die Erde, aus der das Land besteht, sieht das Wissen, das in den Katalogen, Lexicis und Verzeichnissen steckt, wenig einladend und unschön aus; . . . die Arbeit des Pflügers erscheint unendlich schwerfällig, mühsam und langweilig. . . . Es muß . . . dabei jede einzelne Thatsache durch aufmerksame Beobachtung aufgefunden, nachher geprüft und verglichen, es muß das Wichtige vom Unwichtigen gesondert werden, und dies alles kann offenbar nur Jemand thun, der den Zweck, . . ., den geistigen Inhalt der betreffenden Wissenschaft und ihre Methoden lebendig aufgefaßt hat. Für einen solchen wird auch jeder einzelne Fall wieder in Zusammenhang mit dem Ganzen treten und sein eigenthümliches Interesse haben."
> Hermann von HELMHOLTZ ([142], S. 168)

6.1. Informationsbedarf

Informationsbedarf ist ein zentraler Begriff der Informatik. Wenn ein Ziel angestrebt wird, eine wissenschaftliche Aufgabe zu lösen ist, werden stets wissenschaftliche Informationen benötigt. Das Ziel ist schneller erreichbar, die Aufgabe rascher lösbar, wenn der Bedarf an Information gut erkannt wird.

Zum *Informationsbedarfsproblem* existiert bereits eine große Anzahl von Arbeiten.[38] Es ist noch ungelöst. Bestimmungen des Begriffes wie

38 Hier sei auf die Arbeiten zum Informationsbedarfsproblem verwiesen, welche am Institut für Informationswissenschaft, Erfindungswesen und Recht der Technischen

„Informationsbedarf ist diejenige Information, welche für die Erreichung eines bestimmten Zieles notwendig ist" ([147], S. 211), oder

„Informationsbedarf ist die Eigenschaft einer Einzelperson oder eines Kollektivs, welche die Notwendigkeit widerspiegelt, Informationen zur Verfügung zu haben, die dem Charakter der zu lösenden Aufgaben entsprechen" ([24], S. 159),

zeigen, daß offenbar drei Komponenten an der allgemeinsten Lösung des Informationsbedarfsproblems beteiligt sind: der Mensch (der *Nutzer)*, welcher seine Aufgaben formuliert, der Weltfundus wissenschaftlicher Information (das *Informationsmassiv)*, in dem sich die notwendigen Informationen befinden und eine geeignete Einrichtung, welche zwischen Nutzer und Informationsmassiv vermittelt. Diese Einrichtung werde als *Informationssystem* bezeichnet.

Selbstverständlich müßte das Informationsmassiv erst einmal aufgebaut sein, die Informationen müßten in ihm so geordnet vorliegen, daß bei Anfragen leicht herauszufinden ist, welche Informationen für welchen Nutzer zutreffen. Das Informationssystem müßte also bestimmen können, was die Nutzer „wirklich, objektiv" wissen müssen und nicht davon ausgehen, was diese subjektiv glauben, daß sie es wissen müßten.

Angenommen, es gäbe Methoden, die es dem System gestatten, nach bestimmten Kriterien das Zutreffen (die Relevanz) jeder einzelnen von etwa 25 Millionen Informationen im Weltfundus wissenschaftlicher Information für jeden einzelnen der etwa 4 Millionen Wissenschaftler der Welt zu bestimmen, dann müßte das System von Zeit zu Zeit (denn Aufgabenstellungen und Weltfundus ändern sich fortwährend) in der Lage sein, 10^{14}, also einhundert Billionen Vergleiche anzustellen. Wenn das System für jeden Vergleich nur soviel Zeit erhielte, wie das Licht benötigt, um eine Strecke von 30 cm zurückzulegen (eine Nanosekunde), dann dauerte die Neuordnung des nutzerbezogenen Informationsmassivs etwa einen Tag. Auf 400 Millionen Speicherplätzen müßte das System ständig Informationen bereithalten, wenn davon ausgegangen wird, daß es für jeden Nutzer jeweils 100 relevante Informationen gibt. Hieran wird erkennbar, daß selbst solche umfassenden Vorstellungen durchaus im Bereich des technisch Möglichen liegen. Dennoch ist ein derartiges System heute nicht realisierbar, weil weder die genannten Methoden noch die notwendigen Kriterien existieren.

Alle realen Systeme arbeiten daher mit sehr vereinfachten Vorstellungen über die Informationen und Nutzer.[39] Vereinfachte Vorstellungen liegen auch

Hochschule Ilmenau durchgeführt werden [144], auf einen Sammelband, der sich ausschließlich der Untersuchung des Informationsbedarfs widmet [145], und auf eine Monographie zu Fragen des Informationsbedarfs in der Wissenschaft [146].

39 In Kapitel 9. wird gezeigt, daß unter den realen Systemen die internationalen Sy-

der Abbildung 15 zugrunde. Auf ihr sind die Informationsnutzer N einer großen Forschungseinrichtung mit relativ einheitlicher Thematik (Chemie, Physik, Medizin usw.) in vier Gruppen eingeteilt, ebenfalls die Informationen I, so daß die Zuordnung (der Vergleich) auf 16 verschiedene Weisen erfolgen kann.

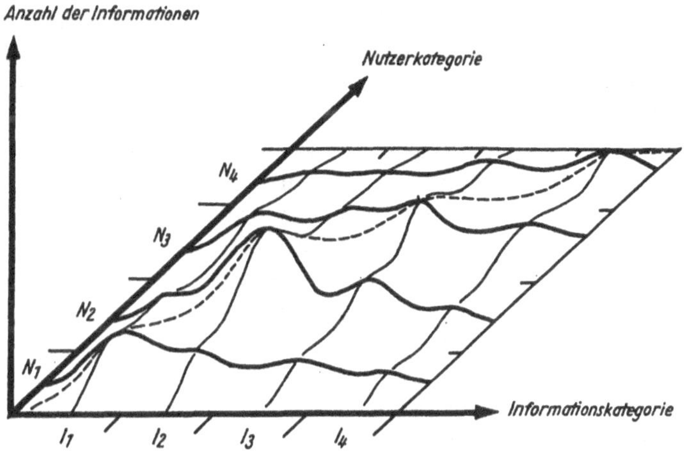

Abb. 15. Informationsbedarf, ausgedrückt durch ein Informationsmassiv. N_1 junge Wissenschaftler, N_2 erfahrene Wissenschaftler, N_3 Abteilungsleiter, N_4 Institutsdirektoren; I_1 Monographien, fundamentale Zeitschriftenartikel und Forschungsberichte, I_2 Zeitschriftenartikel, Forschungsberichte, I_3 Übersichtsarbeiten, I_4 Leitungsdokumente (nach [10], S. 59)

Da unter Informationsbedarf die Anzahl der in den Vergleichen ermittelten zutreffenden Informationen verstanden werden kann, ist das Informationsmassiv in dieser Darstellung tatsächlich eine Art Gebirge, welches sich über der I-N-Ebene erhebt. Ein senkrechter Schnitt durch das Gebirge, parallel zur Achse der Informationskategorien, ergäbe für die jeweilige Nutzerkategorie genau das Spektrum derjenigen Informationen, welche sie zur Erfüllung ihrer Aufgaben benötigt (starke Linien). Die durchbrochene Linie deutet den „Gebirgskamm" an, in dessen Nähe sich die Mehrzahl der Informationen des betreffenden Fachgebietes befindet. Der höchste Gipfel

steme vom INIS-Typ dem Idealbild am nächsten kommen. Sie gestatten es, für die vorgegebene Aufgabe eines Nutzers den zugehörigen objektiven Informationsbedarf zu bestimmen.

liegt dort, wo die Mehrzahl der Wissenschaftler und Ingenieure die neuesten Zeitschriftenartikel und Forschungsberichte vorfindet.

6.2. Ordnen. Informationssprachen

Weitblickende Wissenschaftler haben immer wieder um eine Wissensordnung und um eine *Klassifizierung der Wissenschaften*[40] gerungen. 1876 schuf der Amerikaner M. DEWEY die Dezimalklassifikation[41], ein Wunderwerk menschlichen Ordnungssinns. In ihr sind mehr als 150 000 Sachverhalte klassifiziert.

Die *Dezimalklassifikation* (DK) stellt ein Beispiel für *präkoordinierte Informationssprachen* dar (vgl. Abbildung 16). Sie ist geschaffen worden, um Bücher oder Dokumente eindeutig in Sammlungen einordnen zu können. So wie jedes Buch zu einer bestimmten Zeit nur an einem bestimmten Platz stehen kann, so gibt es zu einem bestimmten Sachverhalt nur eine DK-Zahl. In einer nach der Dezimalklassifikation geordneten Bibliothek sind die Standorte der Bücher gleichen Sachverhalts gewissermaßen „isomorph abgebildet" auf die entsprechenden Zahlen der Dezimalklassifikation.

Der DK wird Universalität nachgerühmt. In der Tat: für jeden neuen Sachverhalt in der Wissenschaft (Kybernetik, Laser, Sputnik, Informatik) läßt sich garantiert eine DK-Zahl vergeben. Aber: das Informationsgeschehen in der Welt tendiert heute nicht mehr zu riesigen Universalinformationssystemen.

Der DK wird weiterhin Unabhängigkeit von den natürlichen Sprachen nachgerühmt. In der Tat: Ziffern werden überall sofort und analog verstanden. Aber: welcher Wissenschaftler bewegt sich in einer Bibliothek wie ein ausländischer Tourist in einem Selbstbedienungsrestaurant? Und: wieviele Jahre dauert es, ehe neue Begriffe (in schwierigen Verhandlungen von Spe-

40 Vgl. die ausführliche Behandlung dieser Fragen durch B. M. KEDROV [148] und I. DAHLBERG [149].

41 B. WINDE schreibt über M. DEWEY: „Als ganz junger Bibliothekar hatte er die Aufgabe erhalten, die öffentlichen Bibliotheken in den USA einheitlich zu organisieren. Im Ergebnis seiner Überlegungen legte er 1876 ein Buch vor: ‚Eine Klassifikation und ein Sachregister zur Katalogisierung und Anordnung der Bücher und Broschüren einer Bibliothek'. Die darin entwickelten Gedanken liegen noch heute der in der ganzen Welt verbreiteten Dezimalklassifikation zugrunde. Die belgischen Rechtsanwälte P. OTLET und H. LA FONTAINE übernahmen die DEWEYsche Dezimalklassifikation, um einen Weltliteraturkatalog aufzubauen. Dieses Unternehmen kam zwar nie zum Ende, gab jedoch der Dezimalklassifikation großen Auftrieb und führte 1895 zur Gründung des ‚Institute Internationale de Bibliographie'. Die Internationale Föderation für Dokumentation (FID) ging aus diesem Institut hervor ..." ([103], S. 174 f.).

Hauptklassen

0	Allgemeines
1	Philosophie
2	Religion, Theologie
3	Sozialwissenschaften, Recht, Verwaltung
4	z. Z. nicht belegt
5	Mathematik, Naturwissenschaften
6	Angewandte Wissenschaften, Medizin, Technik
7	Kunst, Kunstgewerbe, Fotografie, Musik, Spiel, Sport
8	Sprachwissenschaften, Philologie, Literatur, Literaturwissenschaften
9	Heimatkunde, Geografie, Biographien, Geschichte.

In jeder Hauptklasse lassen sich bis zu zehn Klassen bilden, z. B.

51	Mathematik
52	Astronomie, Geodäsie
53	Physik
54	Chemie, Mineralogische Wissenschaften
55	Geologie und verwandte Wissenschaften, Meteorologie
56	Paläontologie
57	Biologische Wissenschaften
58	Botanik
59	Zoologie.

Verschlüsselungsbeispiel: „Kernreaktionen durch Deuteronen"

5	Mathematik, Naturwissenschaften
53	Physik
539	Physikalischer Aufbau der Materie
539.1	Kernphysik
539.17	Kernreaktionen
539.172	Individuelle Kernreaktionen
539.172.1	Kernreaktionen durch Atomkerne
539.172.13	Kernreaktionen durch Deuteronen

Abb. 16. Zur Struktur der Dezimalklassifikation (Beispiel aus [104])

zialisten unterschiedlichster Muttersprachen) in die DK aufgenommen werden, Jahre, in denen sich gerade neue Gebiete der Wissenschaft stürmisch weiterentwickeln?

Das Suchen in einem mittels DK geordneten Informationsmassiv ist dem Telefoniervorgang ähnlich: Nur mit einer bestimmten Nummer, bei der die Aufeinanderfolge (Hierarchie) der Ziffern genau eingehalten werden muß, läßt sich der eine und nur dieser gewünschte Teilnehmer erreichen (Monodimensionalität).

Gerade die hierarchische Struktur und die Monodimensionalität (oder auch: die Präkoordiniertheit) erweisen sich als die größten Hemmnisse für eine Übernahme der DK in die moderne wissenschaftliche Informationstätigkeit.[42] Denn auf der Tagesordnung stehen – um das Bild beizubehalten – „Telefon-Konferenz-Schaltungen mit gleichzeitig zwanzig und mehr Teilnehmern".

Die Informationspraxis hat bereits bewiesen, daß Informationssysteme, die auf der Basis *postkoordinierter Informationssprachen* arbeiten, solcher Leistungen fähig sind. Dabei ragen besonders die sogenannten *Deskriptorensprachen* hervor.

Was sind Deskriptorensprachen? Bei der Beantwortung dieser Frage kommt es hier weniger auf eine umfassende Darstellung von Deskriptorensprachen im Sinne der Sprachtheorie an, als vielmehr auf die Beschreibung ihrer Funktion und ihrer großen Nutzerfreundlichkeit.[43]

Deskriptorensprachen sind eine der wichtigsten Grundlagen für den Aufbau automatisierter Systeme wissenschaftlicher Information.[44] Das Prinzip von Deskriptorensprachen ist einfach. Ihre Wörter entstammen dem Wortschatz einer natürlichen Sprache. Das ist für die Nutzerfreundlichkeit bedeutsam. Allerdings werden alle Erscheinungen, welche die natürlichen Sprachen so aufregend und ausdrucksstark machen, wie Synonymie, Homonymie und Polysemie, aus ihnen verbannt. Es wird genau festgelegt, daß beispielsweise stellvertretend für „Couch/Sofa/Kanapee/Liege/Chaiselongue" immer „Liege" zu verwenden ist und in welcher der vielen Bedeutungen etwa das Wort „Element" benutzt werden darf.

42 Im Prinzip ist es selbstverständlich möglich, auch nach vielen DK-Zahlen rechnergestützt zu recherchieren. Eine Reihe derartiger Informationssysteme ist konzipiert worden [150].

43 Über Informationssprachen bzw. Informationsrecherchesprachen siehe die Darstellungen von P. HERRMANN [103] und A. I. ČERNYJ [147].
Eine ausgezeichnete Schilderung der Bedeutung von Deskriptoren für Informationsrecherchesprachen gibt L. HOFFMANN ([151], S. 332 f.).

44 Im Zusammenhang mit dem Entstehen solcher Systeme bewegt viele Wissenschaftler die Frage: „Hat es überhaupt noch einen Sinn, sich einen individuellen Speicher, eine private Kartei anzulegen?" Der Autor vertritt hierzu die Auffassung, daß die persönlichen Karteien nicht an Bedeutung verlieren werden. Dabei ist unerheblich, welches Format die Karteikarten haben, ob sie nach Autoren oder im Rahmen einer selbsterfundenen Systematik geordnet werden. Die persönliche Kartei repräsentiert das Spezialwissen ihres Schöpfers in einer systematischen Tiefe, die von keiner allgemeinen Systematik (etwa derjenigen einer Bibliothek) erreicht wird. Auf den Kärtchen stehen Fakten, Daten, chemische Strukturformeln, Ideen, Einschätzungen. Eine gutgeführte Privatkartei kann Visitenkarte, Informationsprotokoll der wissenschaftlichen Persönlichkeit sein. Sie wird unentbehrlich, wenn über ein Gebiet in zusammenfassender

Zwischen den zugelassenen Wörtern können einfache Beziehungen bestehen, z. B. solche der Hierarchie. Das grundlegende Regelwerk einer Deskriptorensprache, das gewissermaßen Wörterbuch und Grammatik in einem ist, heißt *Thesaurus* (von griech. Schatz, Schatzkammer). In diesem sind sowohl die zugelassenen Begriffe, die *Deskriptoren,* als auch die verbotenen Begriffe, die *Nichtdeskriptoren* in gemeinsamer alphabetischer Reihenfolge aufgeführt, auch die Beziehungen der Deskriptoren untereinander sind dort mit vermerkt.

Es existieren sehr viele Thesauri. Einen Blick in das „Innenleben" eines von ihnen gewährt Abbildung 17. Es handelt sich um den Thesaurus des International Nuclear Information System, INIS.

— nuclear reactors
    USE REACTORS
.
.
.
REACTORS
  UF-nuclear reactors
  NT1 BREEDER REACTORS
  NT1 GAS COOLED REACTORS
.
.
.
BREEDER REACTORS
  BT1 reactors
  NT1 FBR TYPE REACTORS
    NT2 ENRICO FERMI-1 REACTOR

ENERGY LEVELS
  UF-energy-level-schemes
  NT1 FERMI LEVEL
  RT electronic structure
.
.
.
CADMIUM 116
  BT1 cadmium isotopes
  BT1 even-even nuclei
    BT2 nuclei
.
.
.
S CODES
  BT1 computer codes

Abb. 17. Ausschnitte aus dem INIS-Thesaurus

Form berichtet werden soll, ernsthaftes wissenschaftliches Zitieren ist ohne diese Form der persönlichen Informationsspeicherung oft nicht möglich.
Dennoch erfährt beinahe jede hochspezialisierte Steilkartei ein kritisches Stadium. Das Material wird zu umfangreich (Vollständigkeit war ohnehin nicht zu erreichen). Die Mitglieder des eigenen Kollektivs haben keinen Zugriff zu der Kartei (sie fänden sich ohnehin in ihr nicht zurecht). Neue Erkenntnisse rücken andere Aspekte des gesamten Materials in den Vordergrund des wissenschaftlichen Interesses (die Systematik hätte ganz anders gestaltet werden müssen und viele Karten müßten an mehreren Stellen zugleich stehen). Umordnung und Ausbau der Kartei werden zu aufwendig. Sie stirbt, nicht zuletzt an ihrer Monodimensionalität. Der Rat des Autors: Neu beginnen, obwohl der Tod auch der neuen Kartei nur eine Frage der Zeit ist, auch wenn andere Wege (z. B. kollektives Führen einer Sichtlochkartei, vgl. [10], S. 57) und besonders moderne Informationssysteme — solche mit Deskriptorensprachen — Vorteile und einen guten Service bieten.

Die Begriffe sind dem Wortschatz der englischen Sprache entnommen. „nuclear reactors" ist ein Nichtdeskriptor, es soll an seiner Stelle der Deskriptor REACTORS benutzt werden (USE: use). Der Deskriptor ENERGY LEVELS wird verwendet für (UF: used for) „energy-level-schemes". Wichtig sind die Verweise auf Oberbegriffe (BT: broader term), Unterbegriffe (NT: narrower term) und assoziierte Begriffe (RT: related term). Im Thesaurus existiert also eine hierarchische Staffelung von Deskriptoren, wenn diese sich als zweckmäßig erweist. Dieser ganze Apparat ermöglicht dem Informationsfachmann ein gutes *Indexieren*[45] von Dokumenten. Gutes Indexieren von wissenschaftlicher Information, die in Form von Dokumenten vorliegt, ist das Wichtigste für eine effektive Nutzung der Vorzüge einer Deskriptorensprache.

In den Speicher des Systems werden nicht die vollen Texte der Dokumente eingegeben, sondern Deskriptorenketten. Gutgewählte Deskriptorenketten stehen für das Wesentliche der Dokumenteninhalte. Es wäre aber irreführend, diesen Vorgang als Informationsverdichtung zu bezeichnen, wie es oft geschieht. Syntaktisch gesehen und in Anzahl von bits je Dokument ausgedrückt, haben jetzt zwar im Speicher des Systems vielleicht tausend Deskriptorenketten, stellvertretend für tausend Dokumenteninhalte, Platz, wo sonst allenfalls zehn Volltexte unterzubringen gewesen wären. Dennoch läßt sich das Indexieren nicht mit der Herstellung von Pulverkaffee oder mit der Verflüssigung von Erdgas vergleichen: eine Deskriptorenkette läßt sich weder durch Zufügen von Wasser noch durch Erwärmen in den ursprünglichen Volltext zurückverwandeln.

Das Indexieren ist eine hohe Kunst und nur sehr erfahrene Indexierer bringen es fertig, die semantischen Informationsverluste – im Mittel über viele Dokumente – so gering wie möglich zu halten.[46]

Das „Übersetzen" des Inhaltes eines Dokuments in die Deskriptorensprache des Systems ist nur ein Teil der Arbeit, die der Informationsfachmann zu leisten hat. Sie wird auch als *koordinatives Indexieren* bezeichnet, weil n verfügbare Deskriptoren eines Thesaurus gewissermaßen einen n-dimensionalen Raum aufspannen, in dem jede beliebige Deskriptorenzusammenstellung einem Punkt dieses Raumes entspricht. Der Informationsfachmann

45 Korrekt wäre „Indizieren", aber es wird sich wahrscheinlich doch „Indexieren" durchsetzen: von den vierzehn Sprachen, in denen das Fachwörterbuch der Informatik abgefaßt ist, verlangt nur das Spanische „indizacion", alle anderen behalten den Wortstamm „Index" bei ([24], S. 154).

46 Dem Vorschlag, der zuweilen gemacht wird, die Autoren wissenschaftlicher Arbeiten sollten das Indexieren mit übernehmen, da sie den Inhalt ihrer Publikationen am besten kennen würden, kann deshalb nicht zugestimmt werden.

muß auch koordiniert indexieren, wenn er Anfragen des Nutzers an das System in die Deskriptorensprache übersetzt. Davon, wie gut er die Gedanken und Wünsche des Nutzers zu erfassen und in der Sprache des Systems wiederzugeben vermag, hängt es ab, ob alle „relevanten Raumpunkte" auch getroffen, wieviele darüber hinaus als „Ballast" aus dem Speicher geholt werden, kurz, wie gut eine Recherche ausfällt. Hierfür ist der enge Kontakt zwischen dem Fachmann des Informationssystems und dem Nutzer unerläßlich; ein Minimum an Kenntnissen über die Funktion des Systems und dessen Informationssprache sollte bei jedem Nutzer vorhanden sein.

Deskriptorensprachen erlauben es, Recherchen mit beliebigen, vorher nicht absehbaren Deskriptorenkombinationen vorzunehmen – daher rührt die Bezeichnung postkoordiniert für solche Sprachen. In dieser Beziehung sind sie solchen Informationssprachen wie der DK überlegen, dies ist der Grund ihrer starken und schnellen internationalen Verbreitung.

Der Vollständigkeit halber sei hinzugefügt, daß die bemerkenswerten Zitatsprachen, wie sie beispielsweise im „Science Citation Index" (vgl. Abschnitt 7.2.) Verwendung finden, ebenfalls als Informationssprachen bezeichnet werden können [102, 147].

6.3. Speichern und Wiederauffinden

Die Bücher der eigenen Bibliothek nach Ordnungsprinzipien aufzustellen, halten die meisten Menschen nicht für notwendig, weil sich die Position eines bestimmten Buches in einer ungeordneten Umgebung mitunter dem Gedächtnis besser einpräge als in einer geordneten.[47] Es existieren aber noch andere „Informationsmassive", die sich nicht mit einem Blick überschauen lassen wie Bücherwände: Sammlungen von Schallplatten, Diapositiven, Fotografien, Reprints wissenschaftlicher Arbeiten usw.

Am Beispiel einer derartigen Sammlung werde gezeigt, wie sich das Speichern und Wiederauffinden mittels einer Deskriptorensprache gestalten läßt. Die Übertragung dieses Vorgehens auf die Informationen eines beliebigen Wissenschaftsgebietes und auf ein rechnergestütztes Informationssystem bereitet wenig Mühe.

Es wurde ein Kunstkalender der DDR ausgewählt, der jährlich mit Reproduktionen bzw. Fotografien von Kunstwerken aller Länder, Zeiten und Kunstgattungen erscheint.[48] Kunstfreunde, die ihn regelmäßig erwerben,

47 Wie groß dennoch Vergnügen und geistiger Gewinn sein können, wenn von Zeit zu Zeit versucht wird, Ordnung in der eigenen Bibliothek zu schaffen, hat J. KUCZYNSKI anschaulich geschildert ([152], S. 42 f.).

48 Aus dem E. A. Seemann Verlag, Leipzig.

sind nach 15 Jahren im Besitz eines Massivs von etwa 500 anspruchsvollen, illustrierten kunstgeschichtlichen Informationen. Jedoch, wieviel Zeit kostet es, um eine bestimmte von ihnen aus dem Massiv herauszusuchen oder gar Teilsammlungen nach unterschiedlichen thematischen Gesichtspunkten zusammenzustellen!

Glücklicherweise sind jeder der ausführlichen Textinformationen einige Ordnungsmerkmale vorangestellt, die es erlauben, aus ihnen eine Deskriptorensprache aufzubauen.

Das Beispiel-Massiv bestehe aus 9 Informationen, die aus dem großen Massiv willkürlich herausgegriffen und mit den laufenden Nummern 1 bis 9 versehen worden sind (Abbildung 18). Bei jeder der Informationen sind deren Ordnungsmerkmale angegeben. Die Originalinformationen werden entsprechend ihrer laufenden Nummer abgelegt, unter dieser „Adresse" sind sie jederzeit auffindbar.

Zuvor jedoch erfolgt ihre Indexierung mit je drei Deskriptoren, die entsprechend für die Kunstgattung, das Land und die Zeit stehen. Die so aufbereiteten Informationen können nun abgespeichert werden, im vorliegenden Fall ist dies eine Eintragung, ebenfalls unter der laufenden Nummer, in eine Liste (*direkte Speicherung,* Abbildung 19)[49].

Eine derartige Liste zu überfliegen, geht wesentlich rascher, als Originalinformationen durchzusehen. Dennoch dauert es sehr lange, bis etwa „alle Abbildungen von Kunstwerken aus der Zeit der Renaissance", oder „alle Grafiken der DDR", oder „alle russischen Kunstwerke, aber nicht Plastik und nicht 20. Jahrhundert!" aufgefunden sind. Dabei ist die „Indexierungstiefe" mit drei Deskriptoren recht gering; von großem Interesse bei Kunstwerken sind doch auch die Namen der Schöpfer, die Herstellungstechniken, die Standorte usw.

Daher ist es zweckmäßig, eine weitere Liste aufzubauen, wie sie in Abbildung 20 wiedergegeben ist. Dieser Vorgang wird als *inverse Speicherung* bezeichnet. Die Liste enthält in alphabetischer Reihenfolge alle Deskriptoren. Bei jedem Deskriptor sind die Adressen derjenigen Informationen vermerkt, die mit diesem Deskriptor „belegt" worden sind. Den Deskriptor

49 Beim Übergang von den Ordnungsmerkmalen der Abbildung 18 zu den Deskriptoren der Abbildung 19 sind einige Veränderungen vor sich gegangen, die der Eindeutigkeit der Deskriptorensprache dienen. Beispielsweise wurden alle Adjektiva in Substantiva verwandelt, für „sowjetisch" stehen die Deskriptoren „UdSSR" und „20. JHDT.", für „DDR" die Deskriptoren „DDR" und „20. JHDT."; „Bildhauerei" und „Plastik" erhielten den gemeinsamen Deskriptor „PLASTIK", „Zeichnung" und „Graphik" den gemeinsamen Deskriptor „GRAFIK", „Renaissance" und „Hochrenaissance" den gemeinsamen Deskriptor „RENAISSANCE".

BAUKUNST haben beispielsweise die Informationen 2, 7, 9, den Deskriptor DEUTSCHLAND die Informationen 5 und 8, den Deskriptor 20. JHDT. die Informationen 1, 3, 9. Dem Aufbau dieser zweiten Liste ist der Aufbau einer *Sichtlochkartei* völlig analog. Für jeden Deskriptor wird eine Lochkarte angelegt, die Löcher werden an denjenigen Stellen der Karte eingestanzt, welche den Adressen der mit diesem Deskriptor belegten Informationen entsprechen.

Jede einzelne Zeile der Abbildung 20 ist als Sichtlochkarte vorstellbar. Die von den Adressen und Deskriptoren gebildete Matrix ist eine „Null-Eins-Matrix", wie sie als Kopplungsmatrix im Abschnitt 5.1. vorkam (0: nichts ≙ kein Loch; 1: L ≙ Loch).

Suchen und *Wiederauffinden* gehen im inversen Speicher auf folgende einfache Weise vor sich. Wird nach einem einzelnen Begriff gesucht, so wird die entsprechende Lochkarte gezogen, dort sind die Adressen aller zutreffenden Informationen zu finden (drei Adressen für BAUKUNST, zwei für ITALIEN, eine für 13. JHDT.).

Es lassen sich auch mit Hilfe der logischen Operationen *Disjunktion* (∨), *Konjunktion* (∧) und *Negation* ($\overline{\text{DESKRIPTOR}}$) mehrere Deskriptoren zu komplizierten Suchfragen verknüpfen, wie es in Abbildung 21 gezeigt ist. Suchfragen vom Typ I (disjunktive Verknüpfung, „oder") ergeben eine hohe Ausbeute. Würden alle vier Deskriptoren der Kunstgattungen dieses Beispiels disjunktiv zu einer Suchfrage verknüpft, so erzielte man die maximale Ausbeute: es würden alle neun Adressen genannt.

Werden durch konjunktive Verknüpfung von Deskriptoren in einer Suchfrage der Suche einschränkende Bedingungen auferlegt (Suchfragen Typ II in Abbildung 21), so verringert sich die Ausbeute. Während die Frage (BAUKUNST ∨ PLASTIK) zu den Adressen 1, 2, 5, 6, 7, 9 führt, ergibt die Frage (BAUKUNST ∨ PLASTIK) ∧ RUSSLAND = (BAUKUNST ∧ RUSSLAND) ∨ (PLASTIK ∧ RUSSLAND) nur noch die Adressen 2 und 6. Dieses Ergebnis wird so erzielt, daß einmal die Karten BAUKUNST und RUSSLAND übereinandergelegt werden: dies ergibt Adresse 2, weil nur an dieser Stelle im Gegenlicht eine Öffnung sichtbar wird (daher rührt die Bezeichnung Sichtlochkarten), zum anderen die Karten PLASTIK und RUSSLAND: dies ergibt die Adresse 6.

Die Ausbeute verringert sich auch bei der Auferlegung von einschränkenden Bedingungen durch die Ankopplung eines negierten Deskriptors (Suchfragen vom Typ III). Ergibt beispielsweise die Frage (DEUTSCHLAND ∨ ITALIEN) als Ergebnis die Adressen 4, 5, 7, 8, so führt die Frage (DEUTSCHLAND ∨ ITALIEN) ∧ $\overline{\text{RENAISSANCE}}$ = (DEUTSCHLAND ∧ $\overline{\text{RENAISSANCE}}$) ∨ (ITALIEN ∧ $\overline{\text{RENAISSANCE}}$) nur zur

Abb. 18. Informationsmassiv: Neun Abbildungen von Kunstwerken

1 Sowjetische Plastik
2 Russische Baukunst des 18. Jahrhunderts
3 Malerei der DDR
4 Italienische Zeichnung der Hochrenaissance
5 Deutsche Bildhauerei des 13. Jahrhunderts
6 Russische Plastik des 18. Jahrhunderts
7 Italienische Baukunst der Renaissance
8 Grafik der deutschen Renaissance
9 Baukunst der DDR

2

3

4

5

6

7

8

9

1	PLASTIK	UDSSR	20. JHDT.
2	BAUKUNST	RUSSLAND	18. JHDT.
3	MALEREI	DDR	20. JHDT.
4	GRAFIK	ITALIEN	RENAISSANCE
5	PLASTIK	DEUTSCHLAND	13. JHDT.
6	PLASTIK	RUSSLAND	18. JHDT.
7	BAUKUNST	ITALIEN	RENAISSANCE
8	GRAFIK	DEUTSCHLAND	RENAISSANCE
9	BAUKUNST	DDR	20. JHDT.

Abb. 19. Direkte Speicherung

	1	2	3	4	5	6	7	8	9
BAUKUNST		L					L		L
DDR			L						L
DEUTSCHLAND					L			L	
GRAFIK				L				L	
ITALIEN				L			L		
13. JHDT.					L				
18. JHDT.		L				L			
20. JHDT.	L		L						L
MALEREI			L						
PLASTIK	L				L	L			
RENAISSANCE				L			L	L	
RUSSLAND		L				L			
UDSSR	L								

Abb. 20. Inverse Speicherung

I	(BAUKUNST ∨ PLASTIK)	1	2			5	6	7		9
I	(RENAISSANCE ∨ 20. JHDT.)	1		3	4			7	8	9
I	(DEUTSCHLAND ∨ ITALIEN)				4	5		7	8	
II	(BAUKUNST ∨ PLASTIK) ∧ RUSSLAND		2				6			
II	(RENAISSANCE ∨ 20. JHDT.) ∧ BAUKUNST							7		9
II	(DEUTSCHLAND ∨ ITALIEN) ∧ GRAFIK				4				8	
III	(BAUKUNST ∨ PLASTIK) ∧ $\overline{\text{ITALIEN}}$	1	2			5	6			9
III	(RENAISSANCE ∨ 20. JHDT.) ∧ $\overline{\text{BAUKUNST}}$	1		3	4				8	
III	(DEUTSCHLAND ∨ ITALIEN) ∧ $\overline{\text{RENAISSANCE}}$					5				

Abb. 21. Fragen und Wiederauffinden

Adresse 5, denn beim Übereinanderlegen der Karten DEUTSCHLAND und RENAISSANCE soll gerade die einzige Durchscheinstelle (8) nicht gelten, während beim Übereinanderlegen der Karten ITALIEN und RENAISSANCE auch noch die beiden Durchscheinstellen 4 und 7 ausgeschlossen werden.

Da sich in große Sichtlochkarten bis zu 7000 Löcher (Adressen) einstanzen lassen, ist für Massive von schon beachtlicher Größe der Aufbau eines inversen (Sichtlochkarten-) Speichers eine effektive und vor allem billige Methode, um auch komplizierte Recherchen nach tief indexierten Informationen anzustellen (vgl. [103], Abschnitt 8.5.).

Bei der Suche ist im voraus nicht bekannt, mit welchen Deskriptoren eine Information bei der Eingabe in den Speicher belegt worden ist. Daher läßt sich vor allem bei tief indexierten Suchfragen nicht damit rechnen, daß bei der Recherche alle gewünschten Informationen genau getroffen werden. Je stärker die einschränkenden Bedingungen sind, desto größer wird zwar die *„Genauigkeit"* der Recherche werden, desto höher ist aber auch die Anzahl der nicht getroffenen, eigentlich relevanten Informationen – der Grad der *„Vollständigkeit"* nimmt ab. Umgekehrt, je „weiter" die Suchfragen formuliert werden, desto höher ist der Grad der Vollständigkeit, desto mehr Ballastinformationen werden aber aus dem Speicher zutage gefördert.

Die wirkungsvolle Gestaltung von Suchfragen hat nicht nur ökonomische Bedeutung (Suchzeit!), sie sichert vor allem dem Nutzer die optimale Anzahl von Informationen je Recherche, nämlich: So viel wie möglich, aber nicht mehr als notwendig. In Zukunft wird die Gestaltung von Suchfragen an große automatisierte Systeme der wissenschaftlichen Information durch eine direkte Mensch–Maschine-Kommunikation („Relevanz-Rückkopplung") unterstützt werden.

In großen Massiven, die mehrere zehntausend Informationen enthalten, ist eine manuelle Recherche nicht mehr sinnvoll, besonders dann nicht, wenn es sich um Suchfragen mit komplizierten Verknüpfungen vieler Deskriptoren handelt. Es lohnt sich dann, die Recherchen dem Rechner zu übertragen. Die Prinzipien des Speicherns und Wiederauffindens (direktes und inverses Speichern, Suchen mit logisch verknüpften Deskriptoren nach besonderen Suchstrategien) sind dieselben wie die soeben beschriebenen. Der Rechner kann – beispielsweise in Massiven mit direkter Speicherung – sehr viele Suchfragen praktisch gleichzeitig abarbeiten. Er kann aber auch – noch schneller, analog zum manuellen Fall – sehr tief indexierte Informationen aus dem invers geordneten Massiv herausfinden, wenn es erst einmal in dieser Form aufgebaut worden ist.

Die Einsatzmöglichkeiten des Rechners in der wissenschaftlichen Informationstätigkeit und in der Informatik sind aber noch weit umfassender. Einigen von ihnen ist das folgende Kapitel gewidmet.

7. Computer in wissenschaftlicher Informationstätigkeit und Informatik

„Man hält vielfach die Erzeugung von Informationen für ein Zeichen der Intelligenz, während in Wirklichkeit das Gegenteil richtig ist: Die Reduktion, die Auswahl der Information ist die viel höhere Leistung."
Heinz ZEMANEK (nach [121], S. 199)

Vor etwa 20 Jahren führten die Kernphysiker ein neuartiges Gerät in ihre experimentelle Praxis ein: den Vielkanalanalysator. Mußten bis dahin Energie- und Zeitspektren mit Schritt für Schritt über den Meßbereich sich hinwegtastenden Einkanalanalysatoren aufgenommen werden, so benötigte nun beispielsweise ein Hundertkanalanalysator für die gleiche Messung nur noch einen Bruchteil der früher erforderlichen Zeit. Die schnelleren Geräte ermöglichten die Erforschung schnellveränderlicher Objekte (z. B. kurzlebiger Isotope). Der Kreis der Forschungsobjekte weitete sich mit der Erhöhung der Kanalanzahl (sie liegt heute bei vielen tausend) und mit der Entwicklung höherauflösender Detektoren ständig aus.

Diese „Intensivierung in einer Dimension" charakterisiert allerdings nur eine Seite der jüngsten Entwicklung. Die zweite ist der „Sprung in die Multidimensionalität". Heute gehört es zum kernphysikalischen Alltag, daß gleichzeitig in einem Experiment zwei Parameter (Energie–Zeit, Energie–Energie), oder drei (Energie–Zeit–Teilchenart) usf. gemessen werden. An den Meßplätzen stehen Vielkanalanalysatoren oder Prozeßrechner. Verdichtete Information von den Meßplätzen läuft in Meßzentren zusammen, um von dort, abermals verdichtet, einem zentralen Rechner[50] zugeleitet zu werden. Dabei ist charakteristisch, daß die primäre, an den Detektoren erzeugte Informationsflut nur durch eine wohlüberlegte Informationsreduktion in jeder der Zwischenstufen zu beherrschen ist. Ein erheblicher intellektueller Aufwand, der – bei jedem neuen Experiment – für die Gestaltung (Programmierung) der Informationsverarbeitungsprozesse getrieben wird, ist die Voraussetzung für eine volle Ausschöpfung der Möglichkeiten der Rechner.

50 Rechner und Computer werden, dem allgemeinen Sprachgebrauch folgend, synonym verwendet.

Das gilt selbstverständlich nicht nur für die kernphysikalische Forschung. Ähnlich verhält es sich mit dem Einsatz des Rechners in der wissenschaftlichen Informationstätigkeit und in der Informatik. Nur eine aufwendige intellektuelle Vorbereitung der wissenschaftlichen Informationen für eine Verarbeitung mittels moderner Datenverarbeitungstechnik gewährleistet eine hohe Effektivität des Rechnereinsatzes.

In den komplizierten Prozessen der wissenschaftlichen Kommunikation läßt sich nicht dadurch Ordnung erlangen, daß die Unordnung automatisiert wird. Ordnung, d. h. die Lösung des Problems der wissenschaftlichen Information läßt sich nur in einem vermutlich lange währenden Prozeß erzielen, in dem sich Informatik und wissenschaftliche Informationstätigkeit gegenseitig befruchten müssen.

Dem Rechner fallen dabei drei Aufgaben zu: erstens, dem Menschen mühselige Routineprozesse in der Informationsarbeit abzunehmen *(retrospektive Recherchen, Registerherstellung),* zweitens, dazu beizutragen, neue Formen der Informationsdarbietung zu erschließen *(Selektive Informationsverbreitung, Science Citation Index),* schließlich, als ein wirkungsvolles Forschungsinstrument die Gesetzmäßigkeiten der Prozesse der wissenschaftlichen Kommunikation ergründen und sie allmählich rationell umgestalten zu helfen *(Informatikforschung).* Diese Aufgaben durchdringen einander. Jeder Fortschritt bei der Lösung der einen kommt der Lösung der anderen zugute.

In diesem Kapitel werden die Leistungen des Rechners skizzenhaft entsprechend den hier dargelegten Aufgaben behandelt. Es ist dazu nicht notwendig, Fragen der syntaktischen Informationsverarbeitung durch den Rechner selbst, z. B. Gestaltung von Datenstrukturen in den Speichern elektronischer Datenverarbeitungsanlagen zu erörtern.[51] Weiter vorn war die Aufbereitung semantischer Informationen, etwa das Indexieren, als eine Kunst bezeichnet worden. Dies trifft auch auf die Handhabung großer Informationsmassive mit Hilfe des Rechners zu. Nur: während die Existenz nutzerfreundlicher Programmiersprachen (FORTRAN, ALGOL, PL1) dem Wissenschaftler in der naturwissenschaftlichen Forschung es erlaubt, seine Rechenprogramme selbst zu schreiben, sind für die Schaffung von Programmpaketen der Systeme wissenschaftlicher Information jahrelange Anstrengungen umfangreicher

51 Der Leser sei auf einführende Literatur zu AIDOS (Automatisiertes Informations- und Dokumentationssystem), dem entsprechenden Programmsystem für Rechner des Einheitlichen Systems elektronischer Rechentechnik, ESER ([153], s. dort zahlreiche Literaturangaben), sowie auf Monographien über Informationssysteme und Datenstrukturen ([154 bis 159]) verwiesen.

Kollektive erforderlich. Für den Wissenschaftler ist ausschließlich die Nutzerfreundlichkeit der Systeme entscheidend. Die Qualität eines solchen Systems hängt von der Qualität der Aufbereitung der (semantischen) Informationen für den Rechner und von der Güte ab, mit der die (syntaktischen) Informationen von diesem verarbeitet werden.

Die modernen sogenannten integrierten Informationssysteme mit umfassend vorbereiteten Informationsmassiven und einer hochspezialisierten Software eröffnen für die Informatikforschung und die wissenschaftliche Informationstätigkeit qualitativ neue Möglichkeiten, in ähnlicher Weise, wie die moderne Meß- und Rechentechnik eine neue Phase in der kernphysikalischen Experimentiertechnik eingeleitet hat.

7.1. Retrospektive Recherche. Register

Die Recherche *(Informationsrecherche,* russ. *informacionnyj poisk,* engl. *information retrieval)* hat das Ziel, aus Informationsmassiven nach vorgegebenen Suchmerkmalen Informationen zu ermitteln.

Bei der retrospektiven Recherche kommt es darauf an, mit speziellen Einzelfragestellungen ein umfangreiches Massiv oder viele Massive relativ weit rückblickend nach relevanten Informationen zu durchsuchen. Sie vermittelt einen breiten Überblick über die während eines längeren Zeitraumes eingespeicherten Informationen zu einer Spezialfrage. Das wohl wichtigste Charakteristikum der retrospektiven Recherche, welches sie von der Selektiven Informationsverbreitung unterscheidet, ist ihre Einmaligkeit.

Allerdings ist die Recherche, wenn sie manuell durchgeführt werden muß, zeitaufwendig und physisch belastend für den recherchierenden Wissenschaftler oder Ingenieur. Das trifft auf Computer-Recherchen nicht zu. Dank seiner „Ermüdungsfreiheit" kann der Rechner für komplizierte Recherchen in riesigen Massiven eingesetzt werden. Dabei kommen die Prinzipien zur Wirkung, die im Abschnitt 6.3. geschildert worden sind. Für den Nutzer ist es dabei nicht wichtig zu wissen, ob die Suche in direkten oder inversen Speichern vor sich geht. Ihm kommt es allein darauf an, daß er umfangreiche Suchfragen mit vielen logisch verknüpften Suchmerkmalen formulieren und bei der Recherche realisieren kann.

Voraussetzung ist selbstverständlich, daß das Massiv in computerrecherchierbarer Form zur Verfügung steht und daß der Fonds hinreichend groß, „alt genug" ist. Vorläufig ist die Anzahl der Informationssysteme, die für die maschinelle Recherche einen genügend großen zurückreichenden Fonds anzubieten haben, noch klein. Das ist bedingt durch das geringe Alter der meisten Systeme (wenige Jahre) und durch deren Eigenart, nur diejenige wissenschaftliche Literatur aufzunehmen, welche ab der eigenen Stunde Null erschienen ist. Dies wiederum wird keineswegs damit begründet, daß die historisch zurückliegende Literatur unwichtig sei, sondern mit dem unvertretbar hohen intellektuellen Aufbereitungsaufwand und mit der Tatsache, daß bei der hohen Wachstumsrate des wissenschaftlichen Schrifttums derjenige Anteil, welcher nicht berücksichtigt werden konnte, sowieso zeitlich rasch abnimmt. Moderne Informationssysteme orientieren sich in der Regel „nach vorn".[52]

Die Systeme mit computerformierten Informationsmassiven haben die Register nicht außer Kurs gesetzt. Im Gegenteil. Es läßt sich sogar von einer *Renaissance der Register* sprechen. Ein recherchierender Wissenschaftler, der die eigene manuelle Recherche der maschinellen vorzieht, ist sich oft dessen nicht bewußt, daß der vorzügliche Registerapparat, etwa eines Referateorgans, gerade dem Rechner zu verdanken ist. Ein kurzer Exkurs über Register möge daher die Leistungen des Rechners bei deren Herstellung ins rechte Licht rücken.

Das Fehlen von Registern in Sachbüchern, besonders aber in Referateorganen, schränkt deren Brauchbarkeit ein. Eines der bekanntesten Referateunternehmen, das „Chemische Zentralblatt", lieferte die Registerbände erst Jahre nach dem Erscheinen der Referatebände. Die Mühseligkeit der manuellen Registerherstellung spiegelt sich hier wider.

Ist der Computer am Prozeß der Registervorbereitung beteiligt, dann wird nicht nur das gleichzeitige Erscheinen von Haupt- und Registerteilen möglich, sondern auch eine größere Vielfalt: Autoren-, Sach-, Adressen- und Patentnummernregister, Register von Forschungsberichten und Institutionen, Permutations- und Zitierregister werden schnell und fehlerfrei produziert. Einige der genannten Register sind lange bekannt, andere, wie das Zitat- oder das Permutationsregister, sind typische „Computerkinder".

Was ist ein *Permutationsregister?* Ein Beispiel. In einem Heft eines

52 Es liegt schon zwei Jahrhunderte zurück (1783), daß sich der verdienstvolle Zeitschriftenherausgeber L. CRELL bei der Gründung seiner Zeitschrift „Chemisches Archiv" vornehmen konnte, die gesamte zurückliegende Chemieinformation aufzubereiten, welche in den Veröffentlichungen der teilweise mehr als hundert Jahre vorher gegründeten Gelehrtengesellschaften verstreut lag. L. CRELL schreibt: „. . . daß die Schriften, welche die vereinigte Bemühung dieser gelehrten Gesellschaften herausgaben, den vorzüglichsten Schatz nützlicher Kenntnisse enthalten und daß sie daher auf das fleißigste benutzt zu werden verdienen." Sodann formuliert er die Zielstellung jeglicher Recherche, die seitdem nichts an Aktualität verloren hat: „. . . daß man nicht in Verlegenheit kömmt, manches als eine neue Erfindung anzunehmen, das schon längst in jenen dickbestaubten Bänden beschrieben war; und das Neue aus mangelnder literarischer Kenntnis . . . für eigene Entdeckung auszugeben" [160].

monatlich erscheinenden Referateorgans seien 400 Arbeiten referiert. Im Permutationsregister desselben Heftes finden sich aber 1600 Hinweise auf die im Hauptteil referierten Arbeiten. Im Mittel wird also jedes Referat viermal im Permutationsregister erwähnt. Das wird auf folgende Weise erreicht. Stößt der Computer während der Registervorbereitung auf einen Artikel mit dem Titel

159 AUTOMATIC INFORMATION ORGANIZATION AND RETRIEVAL,

so fertigt er mit den vier wichtigsten Wörtern vier Registerzeilen an, indem er die Wörter – wie die Perlen eines Rosenkranzes beim Beten – so verschiebt (permutiert), daß der Anfangsbuchstabe jedes Wortes einmal an der gleichen Stelle einer Zeile steht:

159	GANIZATION RETRIEVAL	**AUTOMATIC INFORMATION OR**
159	RETRIEVAL AUTOMATIC	**INFORMATION ORGANIZATION**
159	UTOMATIC INFORMATION	**ORGANIZATION RETRIEVAL A**
159	RMATION ORGANIZATION	**RETRIEVAL AUTOMATIC INFO**

Das geschieht für jede der 400 Arbeiten. Die endgültige Zusammenstellung des Registers erfolgt nun so, daß die bereitgestellten Registerzeilen nach den (in diesem Beispiel fettgedruckten) Buchstaben alphabetisch geordnet werden. Die Arbeit (das Referat) Nr. 159 fände also im Register an vier Stellen Erwähnung, die in den Buchstabengruppen A, I, O und R zu finden sind. Nach diesem Verfahren werden beispielsweise die „Chemical Titles" hergestellt, ein Informationsorgan, das der schnellen Anzeige von Titeln der neuesten chemischen Arbeiten dient. Im Hauptteil sind die Titel zeitschriftenweise nach einem bestimmten Zeitschriftencode aufgeführt (ohne Referat), während der Registerteil als Permutationsregister gestaltet ist. Der Fachmann erhält so eine erste schnelle fachliche Orientierung. Der Vorteil eines solchen Organs ist, daß es praktisch ohne intellektuellen Erschließungsaufwand hergestellt werden und rasch erscheinen kann.

Wie aber soll der Rechner eine Arbeit mit dem Titel FALSCH PROGRAMMIERT, oder WISSENSCHAFT HEUTE UND MORGEN, oder SIND MIKROFILM-RETRIEVAL-SYSTEME DAS NONPLUSULTRA? permutieren? Wegen der Schwierigkeiten, die sich in solchen, sehr häufigen Fällen ergeben, ist es üblich geworden, dem Rechner statt des Originaltitels Wörterketten einzugeben. Das muß ein Informationsfachmann besorgen, der zuvor jedes Dokument in seinem wesentlichen Inhalt erfaßt hat. Er übersetzt diesen in eine Informationssprache, sei es eine einfache Liste von Schlagwörtern oder eine Deskriptorensprache. Wenn es derart auch vorkommen kann, daß im Register kaum ein Wort aus dem Originaltitel wiederkehrt, so gestaltet sich doch die Recherche sehr effektiv, weil sie in einer zwischen Nutzer und System „vereinbarten" Informationssprache erfolgt, mögen die Autoren ihre Arbeiten betitelt haben, wie sie dies für ihre speziellen Zwecke für notwendig hielten. Ein Titel wird nicht immer im Hinblick auf künftiges Speichern und Wiederauffinden gestaltet![53]

Das Permutationsregister, vom Computer geschaffen, erlaubt die Durchführung einfacher multidimensionaler, dabei immer noch manueller Recherchen. Dies ist ein beachtlicher Fortschritt gegenüber der in der Regel noch vorherrschenden eindimensionalen manuellen Recherche.

Viel weitere Perspektiven eröffnen sich für die *Multiaspektrecherche,* wenn sie vom Computer selbst durchgeführt wird. Das ist z. B. *bei der Selektiven Informationsverbreitung* der Fall. Diese stellt in ihrer modernen Form, ähnlich wie der Science Citation Index, eine der großen Errungenschaften dar, welche wissenschaftliche Informationstätigkeit und Informatik vor allem der elektronischen Datenverarbeitungstechnik zu verdanken haben.[54]

7.2. Selektive Informationsverbreitung. Science Citation Index

Die Selektive Informationsverbreitung, SIV (russ. izbiratel'noe rasprostranenie informacii, IRI; engl. selective dissemination of information, SDI) erlaubt es, den Nutzer individuell und aktuell zu informieren. Sie kann auch als *Abonnementsrecherche* bezeichnet werden. Sie wird im Prinzip mit dem Rechner genauso durchgeführt wie eine retrospektive Recherche. Während jedoch die retrospektive Recherche die Ausführung eines einmaligen Auftrags für einen einzelnen Nutzer in einem großen (Gesamt-)Fonds ist, handelt es sich bei der SIV um die gleichzeitige Bewältigung vieler Dauersuchaufträge von (gegebenenfalls Hunderten) Nutzern in einem jeweils gleichen, relativ kleinen Informationsmassiv der neuesten Informationen. Bei der SIV teilt die „Informationsbank" ihren vielen Kunden regelmäßig deren Neuzugänge, den auf die individuellen Nutzer bezogenen „Informationskontostand" mit.

Für die SIV sind alle Informationssysteme geeignet, deren Informationsmassive auch in computerlesbarer Form hergestellt werden (z. B. auf Ma-

53 Ein Permutationsregister, welches auf die beschriebene Weise zustandekommt, ist in der russischsprachigen Ausgabe des sowjetischen Referatejournals „Informatika" (Informatik) enthalten.

54 Für diese Aussage fällt nicht ins Gewicht, daß auf der Basis relativ kleiner Massive die Selektive Informationsverbreitung auch manuell und teilmechanisiert ausgeführt werden kann. In der Tat lassen sich heute noch weite Entfernungen auch zu Fuß zurücklegen.

gnetbändern) und die sich einer geeigneten Informationssprache, z. B. einer Deskriptorensprache bedienen. Sie ist an keinen bestimmten Rechnertyp gebunden (vgl. Abschnitt 8.2.).

Wer an der SIV eines funktionierenden Systems teilnehmen kann, hat die Gewißheit, immer auf dem Laufenden zu sein (engl. current awareness), auch dann, wenn z. B. ein regelmäßiger Bibliotheksbesuch für ihn nicht möglich ist. Er bekommt seine Informationen aus einem größeren Fonds, als ihn eine einzelne Forschungseinrichtung jemals anlegen könnte.[55] In Zukunft wird nach Auffassung des Autors ein weiterer Vorteil der SIV stärker zutage treten: die Möglichkeit, das *Informationsgeschehen auf benachbarten Wissenschaftsgebieten* regelmäßig mitzuverfolgen.

Die Einführung der SIV kann als das bedeutendste Ereignis in der kurzen Geschichte der modernen wissenschaftlichen Informationstätigkeit bezeichnet werden. Der Nutzer erkennt ihre Vorteile rasch und nimmt, wie die Erfahrungen belegen, gern an ihr teil. Er gewöhnt sich derart an sie (dort, wo sie gut funktioniert), daß er das Ausbleiben „seiner" Informationen bereits als eine Störung seines Arbeitsablaufes empfindet! Die notwendige Verbesserung der Einstellung von Wissenschaftlern und Ingenieuren zur Problematik der wissenschaftlichen Information, ihr Informationsverhalten, läßt sich nicht durch Ermahnungen und Aufrufe, sondern nur auf dem Wege einer umfassenden Unterstützung der Forschungstätigkeit durch die neuen Formen der Informationsdarbietung erreichen. Unter ihnen nimmt die SIV gegenwärtig zweifellos den ersten Platz ein.

Eine weitere Methode der Informationsdarbietung, die erst durch den Computer in greifbare Nähe gerückt wurde, ist der sogenannte *Zitierindex* (Science Citation Index, SCI), der seit 1964 vom Institute for Scientific Information (Philadelphia, USA) hergestellt wird.[56] Er beruht auf folgenden Überlegungen.

Seit vielen Jahrzehnten ist es wissenschaftliche Gepflogenheit, daß Autoren ihren wissenschaftlichen Arbeiten — ihren Zeitschriftenartikeln oder Monographien — jeweils ein Literaturverzeichnis beifügen. Sie zitieren. Schon durch das Überfliegen des Literaturverzeichnisses einer wissenschaft-

55 SIV ist noch nicht gleichbedeutend mit einer automatischen Zurverfügungstellung der Dokumente. Der Nutzer muß die ermittelten Nachweise (Adressen, vgl. Abschnitt 6.3.) noch daraufhin prüfen, welche von ihnen relevant, nichtrelevant oder zweifelhaft erscheinen. Das ist für ihn erfahrungsgemäß eine geringe Mühe. Danach wird er die Dokumente bestellen. In einem guten Informationssystem sind alle durch die SIV nachgewiesenen Dokumente auch beschaffbar.
Die SIV bedarf einer sorgfältigen theoretischen Fundierung; Ansätze hierzu vgl. [161].

56 Eine ausführliche Beschreibung ist bei E. GARFIELD [162], dem Herausgeber des SCI, oder in [39], S. 177 f. zu finden.

lichen Arbeit erhält der Fachmann Aufschluß über Inhalt, Gewicht und Bedeutung der Arbeit, aber auch über die wissenschaftliche Redlichkeit des Autors. Er merkt sogleich, ob die Liste überladen ist und zuviele Hinweise auf weniger wichtige Arbeiten enthält, und findet andererseits bei gewissenhaftem Vorgehen des Autors manche wissenschaftliche Information, die ihm bisher entgangen war. So können tatsächlich (vgl. Abschnitt 6.2.) die Literaturangaben als eine Art Informationssprache bezeichnet werden.

Die Aussagekraft dieser Sprache ist viel größer, als sich an einer einzelnen wissenschaftlichen Arbeit ermessen läßt, sei deren Literaturverzeichnis auch noch so umfangreich.

Wenn in einer wissenschaftlichen Arbeit eine bedeutende Idee formuliert, ein wichtiges Experiment oder eine interessante Technologie beschrieben worden ist, so zieht das meist Folgearbeiten nach sich – erst wenige, dann immer mehr. Dieser Vorgang, die Tatsache, daß hier etwas Neues heranreift, kann den Informationsstellen und wissenschaftsleitenden Organen jahrelang verborgen bleiben. In der Welt der Zitate spiegelt es sich sofort wider. Hierauf beruht die Grundidee des SCI. Kein Wissenschaftler kann alle Arbeiten überschauen und sich dazu noch merken, welche Arbeiten durch wen in der letzten Zeit besonders häufig zitiert worden sind. Mit dem Computer wird solch ein Überblick möglich, indem ihm die Zitatelisten von wissenschaftlichen Arbeiten eingegeben und sodann mit seiner Hilfe die zitierten Arbeiten alphabetisch nach deren Autoren sortiert werden. Aus dem so entstehenden Zitierregister ist sofort ablesbar, welche Autoren mit welchen Arbeiten, wie oft und durch wen (im Berichtszeitraum) zitiert worden sind.[57]

Bei allen Einschränkungen, die zu machen sind, weil selbstverständlich nicht alle (ca. 50 000) wissenschaftlichen Zeitschriften und nicht alle (ca. 2 000 000) wissenschaftlichen Arbeiten ausgewertet werden können, belegen doch die folgenden Angaben die riesigen Dimensionen des Unternehmens. SCI kommt viermal im Jahr heraus und wird jährlich kumuliert.[58] Im Jahre 1972 wurden 2450 Zeitschriften aus mehr als 40 Ländern, davon 700 Zeitschriften auf dem Gebiet der Chemie, verfolgt. Vier bis viereinhalb Millionen Zitate aus 400 000 wissenschaftlichen Arbeiten wurden eingespeichert.

57 Der SCI hat gewisse Vorläufer, z. B. in der Jurisprudenz. Dort gibt es seit langem Verzeichnisse von Präzedenzurteilen und den sich auf diese stützenden Nachfolgeurteilen. Ein Richter muß diese Verzeichnisse kennen, damit er keine Urteile fällt, die zu den Urteilen seiner Vorgänger in ähnlichen Fällen im Widerspruch stehen [163].

58 In der DDR steht der SCI den Nutzern in der Hauptbibliothek der Akademie der Wissenschaften der DDR zur Verfügung.

Der SCI besteht aus vier Registern, die in enger Wechselbeziehung zueinander stehen. Das wichtigste Register ist das Zitierregister, alle Zitierungen eines Jahres sind in ihm alphabetisch nach den Autoren der zitierten Arbeiten aufgelistet. Wird ein Autor mehrmals oder werden mehrere seiner Arbeiten zitiert, so ist das alles vermerkt. Die zitierten Arbeiten können beliebigen Vorjahren entstammen. Ein weiteres Register ist das Quellenregister. Es stellt gewissermaßen das inverse Register zum Zitierregister dar und enthält in alphabetischer Reihenfolge die wichtigsten Angaben über diejenigen Arbeiten dieses einen Jahres, aus denen alle Zitierungen des Zitierregisters stammen. Ein drittes Register (Corporate Index) führt alle Institutionen, Universitäten, Forschungsinstitute usw. auf, von denen die eingegebenen Arbeiten des laufenden Jahres kamen. Schließlich gibt es eine Art Sachregister, dessen zugehörige Sachwörter jeweils dem Titel einer Arbeit entnommen werden. Dieses Register ist ein Permutationsregister (Permuterm Subject Index, PSI), dessen Wörter paarweise zusammengestellt werden: 10 Wörter im Titel führen zu 90 Paarungen, 90 mal wird im PSI derselbe Autor erwähnt und ebenso oft ist über das Quellenregister das Quellendokument auffindbar.

Der SCI ist ein Informationsmassiv, dessen Erschließung einzigartige Möglichkeiten für die wissenschaftliche Informationstätigkeit, für die Informatikforschung und Wissenschaftsforschung bietet. Hier sei nur der erste Gesichtspunkt hervorgehoben: die Möglichkeit der *„Vorwärtsrecherche"* im SCI. Ein Beispiel möge diesen paradox anmutenden Begriff verdeutlichen.

Beinahe jede Wissenschaftsdisziplin hat ihre Pionierarbeiten, die wegweisend sind, auf die sich für längere Zeit die Blicke richten und die daher von späteren Autoren immer wieder zitiert werden. Wer die Literatur eines Gebietes erschließen will, kann sich als Ausgangspunkt der Recherche eine Pionierarbeit, Zielarbeit (target paper) wählen und mit Hilfe des SCI herausfinden, welche Nachfolgearbeiten diese Zielarbeit in ihrem Literaturverzeichnis enthalten. Auch unter den Nachfolgearbeiten können wieder bedeutsame sein, die nun ihrerseits als Zielarbeit in die Recherche eingeführt werden können. So läßt sich iterativ, von einem Punkt in der Vergangenheit ausgehend und immer weiter zur Gegenwart vorrückend, die gesamte wichtige Literatur des in Frage stehenden Gebietes erschließen.

In Abschnitt 6.2. waren die Autoren wissenschaftlicher Publikationen als nicht geeignet dafür bezeichnet worden, ihre Arbeiten selber zu indexieren: nur erfahrene Indexierer beherrschen eine Deskriptorensprache so, daß eine hohe Qualität beim Speichern und Wiederauffinden gewährleistet ist. Beim SCI ist das ganz anders: Hier wird die Intelligenz von 400 000 Autoren, mit der diese ihre Literaturverzeichnisse angelegt haben, als völlig ausreichend erachtet. Eine Bewertung der Verzeichnisse oder eine Übersetzung in eine andere Sprache entfällt: Die Zitierungen selbst sind die Sprache. Das bedeutet aber, daß die Eingabe der Literaturverzeichnisse in den Computer (mehrere Millionen Zitierungen jährlich!) ohne intellektuellen Aufbereitungsaufwand erfolgen kann.

Überspitzt formuliert: Jeder kann einen Zitierindex aufbauen, der einmal die Liste der dafür in Frage kommenden Zeitschriften aufgestellt hat, über einen schnellen Rechner mit einer reichhaltigen Speicherperipherie verfügt und die umfangreichen Programmierarbeiten für solch ein System nicht scheut. Die Vorschläge zur Schaffung eines SCI auf der Basis von zunächst nur sowjetischen Zeitschriften scheinen daher völlig gerechtfertigt ([102], S. 95 und [39], S. 127), weil die aus diesem Zitierindex zu erwartenden Informationen die Nachteile, welche einen begrenzten SCI anhaften, an Gewicht bei weitem übertreffen.[59]

Auf Eigenschaften des SCI, die ihn für die Forschung besonders geeignet machen, wird in Abschnitt 7.3. und in Kapitel 9. eingegangen.

7.3. Experimentierfeld Informationsmassiv

Der Computer wird für die wissenschaftliche Informationstätigkeit immer unentbehrlicher, wenn es darum geht, Informationsnachweise zu ermitteln (retrospektive Recherche, Selektive Informationsverbreitung) oder dem Nutzer den Zugang zu diesen Nachweisen zu erleichtern (Registerherstellung).

In jedem rechnerformierten Informationsmassiv schlummern aber darüber hinaus Informationen, die für den einzelnen Wissenschaftler nicht bedeutungsvoll sind, jedoch für die Informatikforschung, für wissenschaftswissenschaftliche Untersuchungen und für die Behandlung von Fragestellungen anderer Disziplinen Interesse besitzen.

Einige Beispiele sollen zeigen, welche Fragestellungen an große Informationsmassive oder auch an SCI-Systeme herangetragen und mit Hilfe des Computers bearbeitet werden können, welche Forschungsprobleme, Forschungsrichtungen sich dahinter verbergen.

59 Der amerikanische SCI spiegelt das Informationsgeschehen in der Welt nicht adäquat wider: Beispielsweise ist in ihm die sowjetische Zeitschriftenliteratur zu schwach berücksichtigt. Das liegt auch an sprachlichen Informationsbarrieren, die besonders beim Zitieren zutage treten: Amerikanische Wissenschaftler zitieren vorwiegend aus amerikanischen, sowjetische Wissenschaftler vorwiegend aus sowjetischen Arbeiten. Die Informationsströme, die mit Hilfe des SCI untersucht werden können, erweisen sich manchmal innerhalb eines Landes als kurzgeschlossen.

- Die Bibliothek eines Forschungsinstituts verfügt nicht über unbegrenzte Mittel. Es soll untersucht werden, welche wissenschaftlichen Zeitschriften zu abonnieren sind, um mit einer minimalen Anzahl von ihnen eine maximale Menge an relevanten wissenschaftlichen Informationen bereithalten zu können (Problematik der Schlüsselzeitschriften und des optimalen Bestandsaufbaus, vgl. Kapitel 9.).
- Der Leiter eines mathematischen Instituts wünscht Auskunft darüber zu erhalten, in welchem Maße die Anwendung bestimmter mathematischer Methoden in unterschiedlichen Wissenschaftsgebieten Verbreitung gefunden hat (Fragen des Streuens der wissenschaftlichen Informationen).
- Im Zuge der Projektierung einer Universitätsbibliothek soll herausgefunden werden, wie lange neueste Bestände jeweils aufbewahrt werden müssen (Probleme des Alterns von wissenschaftlichen Informationen).
- Der ökonomische Direktor einer Forschungsakademie verlangt exakte Unterlagen über die Verteilung des „Eingangs-Informationsstromes", aufgeschlüsselt nach Monographien, Forschungsberichten, Zeitschriften und Ländern (Fragen des ökonomischen Gewichts einzelner Kommunikationskanäle).
- Wissenschaftspolitiker möchten herausfinden, welche Zweige der Wissenschaften in welchen Ländern in den letzten Jahren die schnellste Entwicklung zu verzeichnen hatten und welche Zweige ihr Tempo verlangsamen (wissenschaftswissenschaftliche Fragen der Entwicklung der Wissenschaft).
- Ein neues Forschungsprojekt wurde beschlossen. Der Leiter muß abschätzen, wie groß sein Kollektiv sein sollte, damit es weder unterkritisch noch überkritisch ist, und die Aufgabe in kürzester Frist bewältigt werden kann (Fragen der Bestimmung des objektiven Informationsbedarfs und Fragen der Wissenschaftsleitung, vgl. Kapitel 9.).
- Für einen Industriebetrieb, der Geräte für die Wissenschaft entwickelt, werden Aussagen darüber benötigt, welche Geräte für den Absatz im In- und Ausland in der nächsten Zeit verstärkt entwickelt werden müssen (Fragen der Wissenschaftsentwicklung, des wissenschaftlichen Gerätebaus und der Forschungstechnologie).
- Ein staatliches Organ muß in Erfahrung bringen, wieviele und welche Resultate der langfristigen Grundlagenforschung bereits in beträchtlichem Maße ihren Niederschlag in der industriellen Praxis gefunden haben (Problematik der Überführung wissenschaftlicher Erkenntnisse in die volkswirtschaftliche Nutzung).

Die Antworten auf solche Fragen können zum großen Teil aus den großen Informationsmassiven mit sorgfältig durchdachtem Aufbau gewonnen werden, weil diese Massive die Regungen des Wissenschaftsorganismus und des Systems der wissenschaftlichen Kommunikation, die Entwicklung der wissenschaftlichen Ideen von der Grundlagenforschung bis hin zu ihrer Umsetzung in der Sphäre der materiellen Produktion widerspiegeln.

Das Zusammenwirken von Informatik, Wissenschaftswissenschaft und Kybernetik wird anhand solcher Fragestellungen offensichtlich. Erste Untersuchungen liegen vor. Die Autoren einer „Maschinelle Methoden der Informationsanalyse von Erfahrungen des wissenschaftlich-technischen Fortschritts" betitelten Monographie aus dem Kiewer Institut für Kybernetik schreiben: „Das Buch ist der Nutzung von Rechenmaschinen für die Analyse derjenigen Informationen gewidmet, welche über die Erfahrungen des wissenschaftlich-technischen Fortschritts vorliegen. Ziele der Analyse waren die Prognostizierung, aber auch die Gewinnung quantitativer und qualitativer Abschätzungen für die Entwicklungswege von Wissenschaft und Technik, für die Ergiebigkeit der Arbeit der wissenschaftlichen Kader. Ein anderes Ziel war die Auffindung potentieller Möglichkeiten neuer wissenschaftlicher Richtungen. Es werden Methoden beschrieben, die eine *Multiaspektanalyse der Ströme wissenschaftlich-technischer Information* erlauben und für das Treffen von Entscheidungen über die Organisation und Leitung der Wissenschaft, aber auch für die Planung der Entwicklung neuer Volkswirtschaftszweige unter Berücksichtigung ihrer wissenschaftlichen Perspektive von Bedeutung sind" ([164], S. 4).

Was die Einsatzmöglichkeiten des Rechners in der Informatik betrifft, so existieren selbstverständlich weitere Probleme, teilweise fundamentaler Art, deren Bearbeitung überhaupt erst mit dem Forschungsinstrument Computer effektiv möglich wurde. Dazu gehört die Erforschung der natürlichen Sprachen (z. B. die Untersuchung von Häufigkeitsverteilungen) und die davon beeinflußte Problematik des automatischen Übersetzens, an der international intensiv und mit beachtlichen Teilerfolgen gearbeitet wird. Weiter sind die Fragen der automatischen Zeichenerkennung zu erwähnen, deren Beantwortung die Voraussetzung für eine zukünftige vollautomatisierte Eingabe wissenschaftlicher Texte in den Rechner ist, aber auch die Problemkreise des automatischen Klassifizierens, Indexierens [165] und Referierens; schließlich die Untersuchungen des Elementaraktes der wissenschaftlichen Kommunikation selbst, der Informationsverarbeitung durch den Menschen. Die letztgenannte Problematik ist wohl – nolens volens kontradiktorisch – die komplizierteste.

Diese Darlegungen konnten nicht mehr als eine Aufzählung von Fragestellungen und Forschungsrichtungen sein. Dabei lassen sich zwei Problemgruppen unterscheiden. Der einen Gruppe gehören die zuerstgenannten Fragen an. Bei ihrer Bearbeitung kann sich die Forschung auf Informationsmassive stützen, die *auch* für die normale wissenschaftliche Informationstätigkeit, also sowieso zur Verfügung stehen bzw. aufgebaut werden müssen. Die zweite Gruppe benötigt andersgeartete Eingangsinformationen, beispielsweise für linguistische Untersuchungen lange Texte aus natürlichen Sprachen, ebenso für Forschungen zum automatischen Übersetzen usw.

Für die erste Gruppe ist offenbar die Informatik voll „zuständig" – wegen der Voraussetzungen, die in Form der Informationsmassive gegeben sind und wegen der Methoden, welche die Informatik zur Bearbeitung der Massive entwickelt. Die Resultate kommen auch in anderen Wissenschaftsdisziplinen, etwa in der Wissenschaftswissenschaft bei der Unterstützung weitreichender wissenschaftspolitischer Entscheidungen zum Tragen.

Der wissenschaftliche Schwerpunkt der zweiten Gruppe ist in solchen Disziplinen wie Linguistik, Psychologie, Neurophysiologie usf. angesiedelt. Die Resultate kommen der Informatik bei der bestmöglichen Gestaltung der wissenschaftlichen Kommunikationsprozesse zugute.

Die Möglichkeiten des Rechnereinsatzes in der wissenschaftlichen Informationstätigkeit und für die Informatik sind beträchtlich und die Euphorie derer, die sich vom Einsatz der nächsten Rechnergeneration die Lösung aller hier angedeuteten Probleme erhoffen, erscheint verständlich. Aber alle bisherigen Erfahrungen zeigen, daß die Aussagekraft der großen „Massive des Weltwissens" vor allem davon abhängt, mit welcher Sorgfalt Millionen Wissenschaftler und Ingenieure ihre wissenschaftlichen Publikationen verfassen und wie vielseitig zehntausende von Informationsfachleuten die Systeme der wissenschaftlichen Information innerhalb des Gesamtsystems der wissenschaftlichen Kommunikation konzipieren und realisieren.

Die Informationsflut, heute offenbar noch Schreckgespenst, trägt die Keime zu ihrer Überwindung in sich: der Massencharakter der wissenschaftlichen Information läßt statistische, phänomenologische Gesetzmäßigkeiten exakt hervortreten. Sie mit Hilfe des Computers herauszufinden und ihre Ursachen zu ermitteln, ist eine der wichtigsten Aufgaben der Informatikforschung.

So schließt sich in eigentümlicher Weise der Kreis zum Beginn dieses Kapitels: bald werden die Informatiker mit dem *Computer als Forschungsinstrument* mit den riesigen *Informationsmassiven* genauso selbstverständlich experimentieren und Gesetzmäßigkeiten unterschiedlichster Art erforschen (Kapitel 9.), wie es die Kernphysiker mit ihren Beschleunigern, mit moderner Meß- und Rechentechnik beim Vordringen in die Geheimnisse der Mikrowelt tun.

8. Moderne Systeme wissenschaftlicher Information

> „Der Mensch wird ein Informationssystem immer dann nicht benutzen wollen, wenn es lästiger oder störender für ihn ist, Informationen zu haben als nicht zu haben."
> MOOERS' Gesetz (aus [166])

Die Entstehung großer Informationssysteme, deren Massive um 100 000 oder mehr Einheiten jährlich wachsen, hat zwei Ursachen. Einmal ist es die Notwendigkeit, in der Zeit der Großen Information Lösungen für das Informationsproblem zu finden, die an die positiven Seiten der Referateblätter anknüpfen und qualitativ neue Formen der Informationsversorgung ermöglichen. Zum anderen ist es der Umstand, daß als technische Basis solcher Lösungen die Mittel der elektronischen Datenverarbeitung zur Verfügung stehen, zu deren Einsatz es keine Alternative gibt (vgl. Kapitel 7.). Einige Charakteristika der beeindruckenden Entwicklung, die in den fünfziger und sechziger Jahren eingesetzt hat, sind: rechnergestützter Aufbau der Massive, rechnergestützte Entwicklung von Informationsmitteln für die manuelle Recherche, rechnergestützte retrospektive Recherche und Selektive Informationsverbreitung.

Die Behandlung oder auch nur Nennung aller Informationssysteme, die für die wissenschaftliche Forschung relevant sind, ist im Rahmen dieser Schrift nicht möglich, denn gegenwärtig gibt es in der Welt schätzungsweise 500 automatisierte Systeme der wissenschaftlichen Information.

Tabelle 2 nennt daher nur einige der größten Informationssysteme. Die Gebiete gehen meist aus der Systembezeichnung hervor. Mit Ausnahme des Systems ASSISTENT, das sich noch im Aufbau befindet, sind diese Systeme in vielen Ländern der Erde wirksam. Die Tabelle gibt einen Eindruck von der Dynamik, mit der die Informationsfonds wachsen. Teilweise sind diese bibliographischen Datenbasen, wie sie auch genannt werden, über Informationsnetze (auf dem Wege der Datenfernübertragung) erreichbar. Eines der größten amerikanischen Zentren konnte so 1976 den Zugriff zu 9 Millionen Informationen in insgesamt 17 Datenbasen herstellen [100].

Die in diesem Kapitel vorgestellten Systeme oder Systemkomplexe haben Beispielfunktionen. Sie sollen charakteristische Seiten des modernen

Tabelle 2
Große rechnergestützte Systeme wissenschaftlicher Information

System		Land	Jährlicher Zugang von Informationen
CAS[60]	Chemical Abstracts Service	USA	400 000
BIOSIS[61]	Biosciences Information Service	USA	250 000
NASA[61]	National Aeronautics and Space Administration	USA	100 000
MEDLARS[61]	Medical Literature Analysis and Retrieval System	USA	200 000
INSPEC[61]	Information Service in Physics, Electrotechnology and Control	Großbritannien	150 000
INIS[62]	International Nuclear Information System	IAEA/Wien	100 000
ASSISTENT[63]	Avtomatizirovannaja Spravočno-Informacionnaja Sistema po Nauke i Technike	UdSSR	1 500 000

Informationsgeschehens deutlich machen: die *notwendige Vielfalt der Systeme* und Informationsleistungen schon auf einem einzelnen Wissenschaftsgebiet (Abschnitt 8.1.), die Entstehung von *arbeitsteilig funktionierenden internationalen Informationssystemen* (Abschnitt 8.2.), die *„Entfaltung" der Information* in großen Fakteninformationssystemen (Abschnitt 8.3.), die Herausbildung *integrierter Systeme* der wissenschaftlichen Information (Abschnitt 8.4.) und die Entstehung von *Informationssystemen* im Rahmen des *RGW* (Abschnitt 8.5.).

60 B. H. WEIL gibt an, daß CAS von 1907 bis 1975 6,4 Millionen Referate publiziert hat ([100], vgl. auch [99]), diese Angabe ist in Abbildung 9 berücksichtigt.

61 Die Angaben über BIOSIS, NASA, MEDLARS und INSPEC sind [167] und [168] entnommen. Zur medizinischen Wissenschaftsinformation vgl. außerdem den ausführlichen Bericht [169].

62 IAEA – Internationale Atomenergie-Agentur.

63 Anderthalb Millionen Referate jährlich bringt das Referativnyj Žurnal, das vom Vsesojuznyj Institut Naučnoj i Techničeskoj Informacii (VINITI) in Moskau herausgegeben wird. VINITI bringt gegenwärtig 550 der verschiedensten Titel heraus, deren größter Teil Referatejournale, Signal- und Expreßinformationen auf 17 Gebieten von Wissenschaft, Technik und Volkswirtschaft sind [170].

8.1. Informationssysteme auf dem Gebiet der Chemie

Die Chemiker sind die größte Gruppe von Spezialwissenschaftlern und haben den größten Anteil an den in der Welt erzeugten wissenschaftlichen Informationen. Eine große Anzahl von diesen altert nur langsam, beispielsweise solche über die Darstellung und Beschreibung neuer chemischer Verbindungen. Eines der ersten Referateblätter der Welt, das „Pharmaceutische Central-Blatt" (später und bis 1970 „Chemisches Zentralblatt") nahm sich seit 1830 der Informationsprobleme der Chemiker an. Keine andere Disziplin hat etwas ähnliches wie den Beruf eines Literaturchemikers und wohl nur noch die Medizin eine eigene Zeitschrift für ihre Informationsfragen hervorgebracht.[64] Die Formelsprache der Chemie, seit langem wirksames Ordnungs- und Verständigungsmittel, ist Grundlage für die größten und effektivsten Faktendokumentationssysteme, welche die Wissenschaft kennt.

Eine Untersuchung ergab: Bei sowjetischen Chemikern füllt die Literaturarbeit 20 % der Arbeitszeit aus; sie lesen im Mittel 9 sowjetische und 9 ausländische Spezialzeitschriften; Experimentatoren lesen weniger als Theoretiker und diese beinahe doppelt soviel wie die Technologen; die Zahlenwerte liegen um so höher über dem mittleren Wert, je höher Dienstalter und akademischer Grad sind und je höher die Funktion ist, die der Chemiker bekleidet; nach den wissenschaftlichen Zeitschriften stehen die Referateorgane RŽ Chimija und Chemical Abstracts in gleich hohem Ansehen, das zeugt davon, daß ungeachtet der Bedeutung von Schnellinformationsmitteln, der Drang nach einer eigenständigen umfassenden Information, wie sie die Referateorgane auf dem Gebiet der Chemie zu bieten vermögen, überwiegt [171].

In Tabelle 3 werden Informationssysteme und -dienste auf dem Gebiet der Chemie vorgestellt, die in der UdSSR, der DDR, den USA und der BRD entstanden sind.

Die Vielfalt der Informationsmittel, die in Tabelle 3 zum Ausdruck kommt, ist notwendig. Die umfassendste Information bieten die großen Referateorgane wie RŽ Chimija (RŽ) und Chemical Abstracts (CA) mit ihrem reichhaltigen Registerapparat. Allerdings benötigt deren Fertigstellung auch die meiste Zeit. Nicht selten ist der Forschungschemiker bereits zufrieden, wenn er rasch ein Signal erhält, ob auf seinem Gebiet neue Informationen vorliegen (oder nicht). Diesen Zweck erfüllen die in kürzester

64 Im Jahre 1961 wurde das „Journal of Chemical Documentation" gegründet; diese Zeitschrift trägt seit 1974 bezeichnenderweise den Titel „Journal of Chemical Information and Computer Science". Das Informationsjournal der Medizin heißt „Methods of Information in Medicine".

Tabelle 3
Informationsmittel verschiedener Länder auf dem Gebiet der Chemie (aus [10], S. 75, s. auch [172])

Land	UdSSR		DDR			USA					BRD
Informationsmittel	RŽ	SI_1	SI_2	OC	CV	CA	CT	SCI	IC	CC	CI
Hauptinhalt	Referate Strukturbilder	Titel	Titel	Referate Strukturbilder (= Heft Ž von RŽ)	Titel	Referate Strukturbilder	Titel	Zitate	Referate Strukturbilder	Titel	Referate Strukturbilder
Überwiegende Nutzung	laufend, zunehmend retrospektiv	laufend	laufend	laufend, zunehmend retrospektiv	laufend	retrospektiv, laufend	laufend	retrospektiv	laufend, retrospektiv	laufend	laufend
Anzahl der ausgewerteten Primärzeitschriften	12 000	12 000	12 000	≈100	>250	12 000	700–750	700	108	700	222
Anzahl der Informationen im Hauptteil, jährlich	>200 000	>200 000	>200 000	>5000	>5000	>300 000	>130 000	1 200 000 Zitate aus 108 000 Quellen	13 000	Physik u. Chemie: 70 000 Biowissenschaften: 42 000	23 000
Erscheinungsweise der Hefte	24 je 3 Hefte	24 je 38 Serien	24 je 38 Serien	12	12	organische und Biochemie: 26 andere Gebiete: 26	26	4	52	Physik u. Chemie: 52 Biowissenschaften: 52	52
Zeitverzug zwischen Primär- und Sekundär-Publikationen (Monate)	4	≈1	≈1			3	≈1	1–6	1–2	0,5	2–3
Anordnung der Informationen im Hauptteil	Rubrikator Chemie	39 Serien nach Chemie-Rubrikator	39 Serien nach Chemie-Rubrikator	fortlaufend	fortlaufend	80 Sektionen	Zeitschriften CODEN	erster zitierter Autor, alphabetisch	Zeitschriftentitel	Zeitschriftentitel	spez. Systematik (code)

noch **Tabelle 3**

Land	UdSSR		DDR			USA					BRD
Informationsmittel	RZ	SI_1	SI_2	OC	CV	CA	CT	SCI	IC	CC	CI
Art der Register und jährliche Anzahl	Autorenreg. 24 Sachregister (permut.): 24 Formelregister: 1	Autorenregister	Autorenregister	Autoren-, Sach-, Summenformel-, Heteroelement-, Ring- u. Trivialnamenregister: 12	Autoren- u. Sachregister: 12	Autoren-, Sach- und Patentregister: 52 Formel- u. Registriernummernregister: 2	Autoren- und Sachregister: 26	Autoren-, Sach-, Korporationsregister: 4	Autoren-, Sach-, Formel- u. Teilstrukturregister: 2	Autorenregister (u. Adresse d. ersten Autors): 52	Autoren- u. Systemnummernregister: 52
	RŽ: Referativnyj Žurnal Chimija SI_1: Signal'naja informacija Chimija		SI_2: Schnellinformation Chemie (identisch mit SI_1) OC: Organische Chemie CV: Chemische Verfahrenstechnik			CA: Chemical Abstracts CT: Chemical Titles SCI: Science Citation Index IC: Current Abstracts of Chemistry and Index Chemicus CC: Current Contents					CI: Chemischer Informationsdienst

Frist erscheinenden Signal- oder Titelinformationsmittel (SI, CT), aber auch „Current Contents" (CC), die sämtlich über recht einfache Register verfügen.[65] Der Wissenschaftler muß, ausgehend von dem aktuellen Stadium seiner Arbeit, selbst beurteilen, welches aus der Vielfalt der Informationsmittel er am vorteilhaftesten benutzt.[66]

Zu den Grundanliegen wissenschaftlicher Informationstätigkeit zählt es, sinnlose und kostspielige Doppel- und Mehrfacharbeiten in Wissenschaft und Technik vermeiden zu helfen. Allerdings ist sie selbst, wie ein Blick auf die Tabelle 3 zeigt, von diesem Übel nicht frei. Chemiker, die mit gleicher Intensität RŽ Chimija und Chemical Abstracts durcharbeiten, erhalten sehr viele Informationen doppelt, weil in der UdSSR und den USA im wesentlichen dieselben öffentlich zugänglichen Primärinformationsquellen, z. B. die wissenschaftlichen Journale ausgewertet werden; andere Informationen erhalten sie überhaupt nicht, weil kein noch so großer Informationsdienst alles erfassen und überdecken kann. Dieser Zustand muß die Wissenschaft auf die Dauer stark belasten, er wird zum wissenschaftsorganisatorischen Anachronismus.

Computerorganisierte Informationssysteme werden weltweit zur Norm gehören. Aber die Aufbereitung der wissenschaftlichen Information für diese Systeme verlangt einen extensiv zunehmenden intellektuellen Aufwand. Ihn durch internationale arbeitsteilige Zusammenarbeit auf ein erträgliches Maß herabzusetzen, ist eine Aufgabe, vor der das Informationswesen von morgen auf jenen Gebieten der Wissenschaft steht, auf denen die Länder schon heute ihre wissenschaftlichen Informationen der ganzen Welt öffentlich bekanntgeben.

Den Beweis dafür, daß derartige internationale Zusammenarbeit auf einem Gebiet möglich ist, das von der Grundlagenforschung bis zur Nutzung der wissenschaftlichen Erkenntnisse in der materiellen Produktion reicht, hat das Internationale Nuklear-Informationssystem, INIS, bereits angetreten.

65 „Current Contents", eine Art Tageszeitung neuester wissenschaftlicher Informationen, sind nichts anderes als die reprographierten und bündelweise herausgegebenen Inhaltsverzeichnisse der neuesten wissenschaftlichen Journale. Das computerproduzierte Register enthält die Autoren und deren Anschriften, so daß der interessierte Wissenschaftler, lange bevor das Referat einer Arbeit erscheint, die Verbindung zu derem Verfasser (etwa über eine Sonderdruckanforderung) herstellen kann.

66 Dringend benötigt wird ein Handbuch der Informationssysteme, das den Wissenschaftler und Techniker über die Leistungsfähigkeit der existierenden Informationsmittel jederzeit zuverlässig informiert.

8.2. INIS – erstes Zweiginformationssystem mit weltweiter Kooperation

Die friedliche Nutzung der Atomenergie, der Aufschwung der kernphysikalischen Forschung und die breite Anwendung radioaktiver Isotope in Wissenschaft und Volkswirtschaft setzten erst nach dem zweiten Weltkrieg ein. Informationsorgane für dieses sich rasch entwickelnde Gesamtgebiet gab es zunächst nicht. Doch bereits 1948 wurde im Oak Ridge National Laboratory, ORNL, ein Referatejournal „Nuclear Science Abstracts", NSA ins Leben gerufen. Im selben Jahr publizierte es 2500 Referate, im Jahre 1968 – 54 000 Referate [172]. NSA vervollkommnete laufend Herstellungstechnologie und Informationsleistungen und wurde für die Nachkriegsgeneration der Kernwissenschaftler zu einer zuverlässigen, unentbehrlichen Sekundärpublikation.[67] Auch in der Europäischen Atomgemeinschaft, EURATOM, im sowjetischen Forschungsinstitut für Information und technisch-ökonomische Studien über Kernwissenschaft und -technologie, ATOMINFORM, und in mehreren Ländern waren Aktivitäten auf dem Gebiet der Nuklear-Information in Gang gekommen.[68] Angesichts dessen muß es als ein gewagter Vorstoß in absolutes Neuland beurteilt werden, daß der sowjetische Wissenschaftler L. ISAEV und sein amerikanischer Kollege R. WAKERLING im Auftrag der Internationalen Atomenergie-Organisation, IAEO, 1966 einen Bericht verfaßten, in dem für das Gebiet der Kernwissenschaften der Aufbau eines prinzipiell *neuen Typs internationaler Informationssysteme* vorgeschlagen wurde. Dieses System, das International Nuclear Information System, INIS, nahm nach intensiver Vorbereitung 1970 den Versuchsbetrieb auf. Was ist INIS?

Entscheidend ist das Grundkonzept: Die am INIS teilnehmenden Länder und Organisationen teilen die Informationsaufbereitung so unter sich auf, daß jeder Teilnehmer nur diejenigen Informationen in das System einbringt, welche er selbst erzeugt. Länder mit einem umfangreichen Atomprogramm liefern viele Informationen, Länder mit geringerer Informationsproduktion entsprechend weniger. Die DDR ist beispielsweise mit etwa einem Prozent am Nuklearinformations-Aufkommen in der Welt beteiligt, daher wird von ihr nur die Aufbereitung dieses einen Prozents erwartet. 99 % des Gesamtspeichers, der allen Teilnehmern in konventioneller oder computerlesbarer

67 Es sei daran erinnert, daß von diesem Kernforschungszentrum, dem ORNL, und seinem Direktor A. M. WEINBERG starke Impulse zur Entwicklung der wissenschaftlichen Kommunikation ausgegangen waren. Der WEINBERG-Bericht an Präsident J. F. KENNEDY [59] enthält auch Anregungen für die Schaffung von Zentren für Informationsanalyse, die später verwirklicht worden sind.

68 Überblick gibt ein Symposiumsbericht, der auch eine umfassende Beschreibung des INIS enthält [174].

Form zur Verfügung steht, erfordern demnach von der DDR keinen Aufbereitungsaufwand.

Eine solche Dezentralisation der Informationsaufbereitung, vor allem des Referierens und Indexierens, setzt eine zwischen allen Teilnehmern vereinbarte Informationssprache voraus. Die Informationssprache des Systems ist eine Deskriptorensprache. Der INIS-Thesaurus enthält in Englisch etwa 14 000 Deskriptoren und 4000 verbotene Termini; er liegt gegenwärtig in einer 16. Version vor und wird laufend vervollkommnet.

Hier lag der kritische Punkt des Projektes: Würden die an den unterschiedlichsten Orten der Welt vorgenommenen Aufbereitungen eine solche Qualität aufweisen, daß bei einer Recherche jeder auch das findet, was er erwarten könnte, wenn nur eine zentrale Stelle die Aufbereitung vorgenommen hätte? Konsistenz-Tests, d. h. Indexierung ein und desselben Satzes von Dokumenten in unterschiedlichen Ländern, haben ergeben, daß eine hinreichende Übereinstimmung der Indexierung erreichbar ist, so daß auch die Gewähr für das Wiederauffinden von Informationen im Gesamtmassiv gegeben ist. Das war eine glänzende Bestätigung der Grundidee.

Jeder Teilnehmer beschäftigt nun weniger Spezialisten für die Informationsaufbereitung, als wenn er selbst ein Nuklear-Informationssystem aufbauen müßte; andererseits sind aber in der Welt mehr Menschen mit der Vorbereitung von Kerninformationen für INIS befaßt, als es selbst für große Wissenschaftsländer tragbar wäre – dies kommt der Qualität des Gesamtsystems zugute.

Ein weiterer Vorteil von INIS liegt in folgendem. Bekanntlich muß zwischen konventioneller wissenschaftlicher Literatur, also kommerziell verbreiteter Literatur, und nichtkonventioneller, schwer erhältlicher Literatur (z. B. Reports) unterschieden werden. Der nichtkonventionellen Literatur widmet INIS besondere Aufmerksamkeit: Wer Forschungsberichte in das System eingibt, muß dafür sorgen, daß auch der volle Text der Berichte an die Zentrale nach Wien geliefert wird. INIS gewährleistet dann, daß Reports, die durch das System nachgewiesen werden, vorzugsweise in Form von billigen und leicht zu reproduzierenden Mikrokopien (Microfiches) zur Verfügung stehen. Etwa 30 % des Informationsmassivs von INIS zählen zur nichtkonventionellen Literatur. Allein diese Leistung ist beispielhaft.

Die Prüfung der Eingangsinformationen, der Aufbau des Informationsmassivs, die Vorbereitung der Outputs des Systems – all dies übernimmt die Zentrale in Wien mit Hilfe eines Rechners der dritten Generation. Die Teilnehmer erhalten auf Wunsch das auf Magnetband gespeicherte Informationsmassiv, oder regelmäßig dessen Neuzugänge, zugeschickt. So kann sich jedes Land eigene Nuklear-Informationsdienste aufbauen. Die Verfügung über eine entwickelte Datenverarbeitungstechnik ist nicht die Voraussetzung für die Teilnahme eines Landes am INIS, denn das gesamte Massiv wird auch in gedruckter Form (monatlich zwei Ausgaben des „Atomindex") ausgeliefert. Schon diese Form der Information, die Möglichkeit der manuellen Recherche, gekoppelt mit der umfassenden Bereitstellungsmöglichkeit aller im Atomindex nachgewiesenen Dokumente, ist eine große Hilfe für den Kernwissenschaftler. So kommt als dritter Vorteil des Systems seine Nutzerfreundlichkeit zur Geltung. Dies ist besonders für die Wissenschaftler in den Entwicklungsländern bedeutsam.

Gegenwärtig hat INIS ein Entwicklungsstadium erreicht, in dem auch die von den Teilnehmern gelieferten Referatetexte zusammen mit den bibliographischen Angaben und Deskriptorenketten in das Massiv eingegeben werden und auf den Magnetbändern erscheinen können. Damit wird der Atomindex zu einem vollwertigen Referateorgan mit zahlreichen Registern, wie es die Nutzer bisher beispielsweise von NSA gewöhnt waren. Die Leistungsfähigkeit eines modernen Informationssystems muß aber nach der Gesamtheit seiner wesentlichen Kennzeichen beurteilt werden. Diese sind bei INIS: Nachweis der *konventionellen und nichtkonventionellen Literatur,* zuverlässige *Dokumentenbereitstellung* überall in der Welt, Möglichkeit der *rechnergestützten Selektiven Informationsverbreitung,* relativ *geringe Kosten* für die Teilnehmer.[69]

Fast fünfzig Länder und viele Organisationen nehmen schon am INIS teil, dazu gehören alle sozialistischen Staaten und viele kapitalistische Länder. INIS hat seine Bewährungsprobe bestanden. Es ist bereits zum Vorbild für ein weiteres großes internationales Informationssystem geworden (vgl. Kapitel 10.). Vorteile und Wirksamkeit internationaler Arbeitsteilung spiegeln sich auch in einem anderen Ereignis wider: im 27. Jahr seines Bestehens stellte NSA sein Erscheinen zugunsten von INIS ein.[70]

69 In internationalen Systemen vom INIS-Typ wird eine neue Qualität auch dadurch erreicht, daß sie das Weltinformationsaufkommen unverfälscht widerspiegeln. Das ist ein Vorteil, der für die Informatikforschung große Bedeutung erlangen kann (vgl. Abschnitt 9.2.). Bei solchen Systemen besteht nicht die Gefahr einer ungerechtfertigten Orientierung auf bestimmte Wissenschaftsländer, worauf besonders H.-J. MANECKE hingewiesen hat [175].

70 R. L. SHANNON, langjähriger Leiter des NSA, begründete diesen Entschluß u. a. so: „. . . es ist völlig offensichtlich, daß das dezentralisierte Aufbereiten, Indexieren, Referieren auf Länderbasis zuverlässig und erfolgreich ist. Konsequenterweise ist es daher nicht länger notwendig, daß die Vereinigten Staaten die ganze Bürde tragen, welche die Herausgabe eines Referatejournals darstellt, das die gesamte Nuklear-Literatur der Welt überdeckt" [176].

8.3. SPRESI – Entfaltung wissenschaftlicher Information

SPRESI bedeutet Speicherung und Recherche strukturchemischer Informationen. Es ist die Bezeichnung für ein Projekt, das in gemeinsamer Arbeit im Rahmen des Aufbaus des Chemie-Informationssystems der DDR und der UdSSR durchgeführt wird [177].

Für Gebiete wie die organische Chemie mit ihrem unübersehbaren Reichtum an Verbindungen sind die Methoden der (z. B. tabellarischen) Wissensspeicherung, die noch ohne den Computer auszukommen gestatten, nicht mehr ausreichend.[71]

Wie läßt sich über die ständig wachsende Zahl der chemischen Verbindungen die Übersicht behalten? Existieren Methoden, welche es erlauben festzustellen, ob eine chemische Struktur neu oder schon einmal beschrieben worden ist? Läßt sich auch nach chemischen Reaktionen recherchieren oder – was damit gleichbedeutend ist – nach Teilstrukturen chemischer Verbindungen? Zu diesem Themenkreis ist bereits umfangreich Literatur verfügbar.[72]

Trotz des informationssprachlichen Vorlaufes, den sich die Chemiker in Gestalt der chemischen Symbole und Strukturformeln geschaffen haben, ist die sogenannte *topologische Methode* zum eindeutigen Speichern und Wiederauffinden chemischer Strukturen erst vor einem Vierteljahrhundert von C. N. MOOERS angegeben worden [181][73]. An folgender für die Einspeicherung vorgesehenen Struktur sei die Methode in den Grundzügen erläutert (nach [182]):

$$H_2N - \overset{\overset{O}{\|}}{C} - O - CH_2 - \overset{\overset{CH_2 - NH_2}{|}}{C} = CH - \overset{\overset{O}{\|}}{C} - CH_2 - OH$$

Die Atome werden beliebig durchnumeriert, H-Atome ausgenommen:

71 Die tabellarische Wissensspeicherung ist eine Methode, die es gestattet, neben wissenschaftlichen Erkenntnissen und umfangreichem Faktenmaterial auch sorgfältig aufbereitetes Methoden- und Technologiewissen als unverzichtbare Komponente der Forschungstechnologie an die nächste Wissenschaftlergeneration weiterzugeben. Die Tabellenwerke zur Elektronenphysik, Ionenphysik und Übermikroskopie [178, 179] und das Heft 1 der „Beiträge zur Forschungstechnologie" [180] seien hierfür als Beispiele genannt.

72 Vgl. das Literaturverzeichnis in [109] und das gesamte Heft 15 der Zeitschrift „Angewandte Chemie" **82** (1970).

73 Von C. N. MOOERS stammt auch die Bezeichnung „Deskriptor" (nach [147], S. 4 f.).

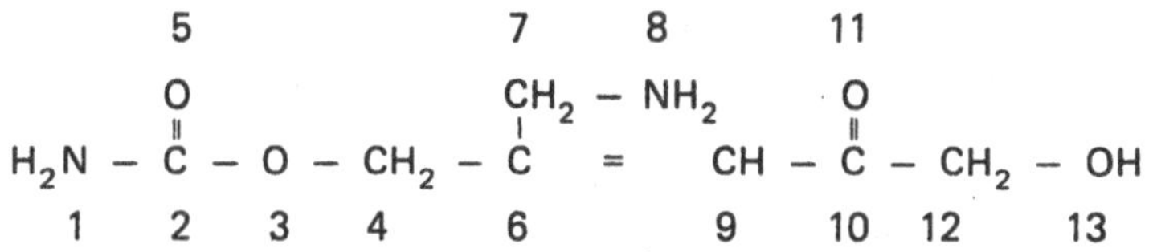

Sodann wird eine Tabelle aufgestellt, welche die Numerierung und Atomart sowie die Information darüber enthält, mit welchem Partner (Nummer) jedes Atom durch welche Bindung verknüpft ist. Anstelle dieser Tabelle ließe sich auch eine Strukturmatrix hinschreiben, wie sie in Abschnitt 5.1. beschrieben worden ist und die angibt, welches Atom mit welchem anderen Atom durch welche Bindungsart gekoppelt ist. In den Ziffernpaaren bezeichnet die erste Ziffer den Bindungstyp: 1 Einfachbindung, 2 Doppelbindung, H-Atome werden nicht notiert:

1	N	1–2
2	C	1–1, 1–3, 2–5
3	O	1–2, 1–4
4	C	1–3, 1–6
5	O	2–2
6	C	1–4, 1–7, 2–9
7	C	1–6, 1–8
8	N	1–7
9	C	2–6, 1–10
10	C	1–9, 1–12, 2–11
11	O	2–10
12	C	1–11, 1–13
13	O	1–12

Das zwar aufwendige, aber einfache Verschlüsseln kann von Nichtspezialisten ausgeführt werden. Die Tabelle, in dieser Form in den Rechner eingegeben, wird von diesem verstanden und rationell umgeformt, um Speicherplatz zu sparen und spätere Suchprozesse zu erleichtern. Information geht dabei nicht verloren.

Sodann stellt der Rechner fest, ob die eingegebene Verbindung schon im Speicher vorhanden ist. Wenn nicht, so erhält sie eine zentrale Registriernummer. Wenn ja, so wird in einem besonderen Speicher (Register) unter der schon vorhandenen Registriernummer vermerkt, daß eine neue Arbeit über diese Verbindung erschienen ist. Die erst- und einmalig vergebene zentrale Registriernummer stellt das Bindeglied zu allen Arbeiten dar, die fortan über diese Verbindung erscheinen. Jede eingegebene Struktur ist zugleich auch Fragestruktur in Bezug auf die bereits abgespeicherten Strukturen.

Gewiß sind Speicherbedarf und Verschlüsselungsaufwand bei der topologischen Methode beträchtlich. Beide lassen sich durch geeignete Maßnahmen verringern. Die Komprimierung der Verbindungstabellen (connection tables) besorgt der Rechner. Zur Aufbereitung werden z. B. Formellesemaschinen verwendet: Die Struktur wird auf ein transparentes Rasterblatt gezeichnet, das von Fotozellen abgetastet wird, den dabei entstehenden Lochstreifen kann der Rechner weiterverarbeiten. Oder: häufig wiederkehrende Strukturen, Fragmente, werden nicht Atom für Atom, sondern „fragmentcodiert", also schneller eingegeben. Der Rechner stellt dann selbst die topologische Darstellung her. Auch bei der Recherche ist die Atom-für-Atom-Prozedur nur in wenigen Fällen notwendig. Existiert nämlich eine leistungsfähige Fragmentcodierung, dann kann der Rechner gleichzeitig mit der topologischen Speicherung eine (viel weniger speicherplatzaufwendige) Fragmentspeicherung ausführen. Zuerst wird dann stets in diesem Speicher recherchiert, und nur diejenigen Fragestrukturen, die in dem „Sieb" des Fragmentspeichers hängengeblieben sind, brauchen dann noch topologisch untersucht zu werden.

Die topologische Strukturbeschreibung wird seit 1970 von Chemical Abstracts Service benutzt. Im Jahre 1970 wurden bereits 180 000 chemische Verbindungen verschlüsselt.

Zurück zu SPRESI. Diese Bezeichnung ist eigentlich zu bescheiden für das Projekt. Denn es handelt sich um ein Vorhaben der Schaffung eines Chemie-Informationssystems, das in vorbildlicher Weise die *Merkmale moderner integrierter Informationssysteme* in sich vereinigt. Darüber hinaus macht es von den Vorteilen internationaler Arbeitsteilung Gebrauch. Die Merkmale sind: ein wohldurchdachtes, effektives Ordnungssystem, der Einsatz des Rechners für Speicheraufbau, Informationsmittelherstellung (einschließlich Lichtsatz) und Recherche, Kombination von Dokumenten- und Faktenrecherche, planmäßige und auf lange Sicht berechnete Weiterentwicklung, Dokumentenbereitstellung.

Das vorläufige Ziel des Projektes ist die Computerrecherchierbarkeit desjenigen Teiles des Referativnyj Žurnal Chimija (Rubrikator Ž), der die präparative organische Chemie und damit etwa die Hälfte aller chemischen Strukturinformation enthält. *Kernstück* ist der *topologische Speicher,* in dem alle neuen Verbindungen, eindeutig plaziert, aufbewahrt werden. Das dazugehörende Registriernummernregister verkoppelt alle anderen Speicher und Register miteinander. Neben der Mikro-Verschlüsselung durch die topologische Codierung ist eine Makro-Verschlüsselung nach Fragmenten möglich, die in einem umfangreichen Regelwerk eindeutig festgelegt sind. So werden Recherchen sowohl nach Grobstrukturen, als auch nach Feinstrukturen ausführbar. Die Verbindung stellt der Rechner selbst her.

Zukünftig wird die Recherche nach Reaktionen möglich sein. Eine aus „Dreibuchstabenwörtern" bestehende Sprache erlaubt eine Sachverhaltserschließung der Dokumente nach ca. 1500 Sachverhalten – sie ist als Informationssprache bereits unabhängig von den natürlichen Sprachen Russisch und Deutsch der Partner des Projekts. Eine abgestimmte Begriffsliste, die in den Sprachen eindeutig umkehrbare Termini enthält (so daß der Rechner Unterschiede der natürlichen Sprachen nicht zu berücksichtigen braucht), gestattet eine zusätzliche Indexierung. Die Permutierung der Terme ergibt ein praktisches Sachregister.

Sehr umfangreich sind die Registerleistungen, die neben dem Hauptteil, welcher Referate und Strukturbilder enthält, angeboten werden: Autoren-, Permutationssachregister, Heteroatom-, Summenformelregister, Ringformel- und Trivialnamenregister.

Am Beispiel einer einzigen von SPRESI aufbereiteten Arbeit werde versucht zu zeigen, wie die einzelnen Speicher (Register) miteinander wechselwirken, über wieviele Eingänge der Spezialwissenschaftler zu den ihn interessierenden Informationen vordringen kann.[74]

Es handelt sich (vgl. Abbildung 22) um eine Arbeit von M. CHRISTL, die im Hauptteil des Referateblattes die Nummer 25-0139 trägt. Der Leser kann das russischsprachige Referat auch im entsprechenden Heft des RŽ Chimija unter der Nummer 173980 finden. Die Nummer 25-0139 taucht im Formelregister, im Heteroatomregister und im Ringformelregister wieder auf. Zu den bibliographischen Angaben gehören auch die Kurzbezeichnung der Zeitschrift nach einem internationalen Code, und die Adresse des Microfiches, auf dem der Text der Arbeit gespeichert ist. Das Referat ist durch Strukturbilder erweitert (Abbildung 22). Im Trivialnamenregister (Abbildung 23b) sind die Namen zusammen mit der Summenformel und der Registriernummer angegeben. Das Heteroatomregister (Abbildung 23c) enthält die Summenformeln und die Nummer des Referates. Diese beiden Register sind im Falle dieses Beispiels nicht so ergiebig. Dagegen enthält das Formelregister (Abbildung 23a) an 15 Stellen Hinweise auf Formeln, die

74 Das Beispiel wurde zusammengestellt nach folgenden Materialien des Entwicklungskollektivs SPRESI des VINITI und des Zentralinstituts für Information und Dokumentation der DDR, ZIID: Informationsdienst Organische Chemie, Probeheft, als Manuskript gedruckt; Sachverhaltsschlüssel Systematik-SPRESI, 1. Auflage; Hrsg. ZIID, Berlin 1974.

25-0139 173980
Christl, Manfred.
Cycloaddition an Benzvalen
Angew. Chemie, Weinheim (ANCE-AD) 85 (1973) 15, S. 666–668, (dt.)
ZL 000961-2-E1-E3

Benzvalen (II) liefert mit den Nitriloxiden I in einer Cycloadditionsreaktion die Verbindungen III. Analoge Additionen geht Benzvalen (II) mit Diphenylnitrilimin, Phenylazid, Diazomethan, 1.4-Methoxycarbonyltetrazin und Dibromcarben ein.

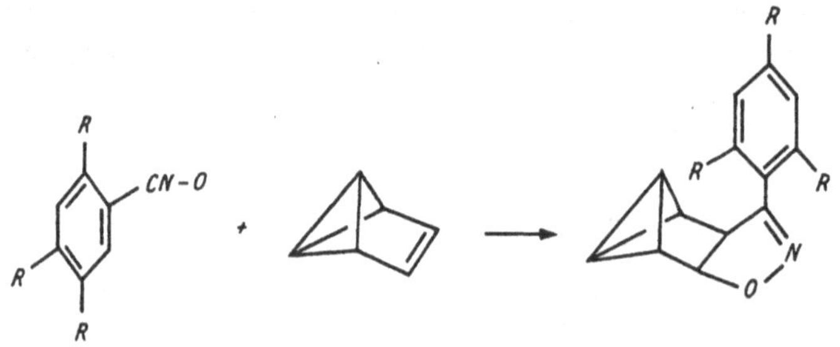

I II III

R: - H, - Me

Abb. 22. Bibliographische Angaben, Referat und Strukturbilder zu einer chemischen Arbeit, aus dem Informationsmittel „Organische Chemie"

in der aufbereiteten Arbeit vorkommen; solche Hinweise sind: die Summenformel, die Registriernummer, die Bezeichnung oder der Trivialname der Verbindung, Angaben über physikalische Eigenschaften und schließlich, durch Dreibuchstabenwörter ausgedrückt, Angaben über einen Sachverhalt[75]

Das Ringformelregister (Abbildung 23d) enthält die Ringcodierung der

75 So bedeuten, abhängig von der Stellung der Buchstaben im Wort, die Wörter DCB und BAA folgendes: **DCB,** D allgemeine chemische Reaktion, Reaktionsverhalten, C Cyclisierung, Ringveränderung, B intermolekulare Cyclisierung zwischen zwei Molekeln; **BAA,** B Bildung, Darstellung, Gewinnung, Herstellung, Isolierung, A präparative Bildung und Darstellung, A chemisch.

CBR2
0007011-201
DIBROMCARBEN
DCB 25-0139

CH2N2
0001353-700
DIAZOMETHAN
DCB 25-0139

C6H6
0007002-300
BENZVALEN
DCB 25-0139

C6H6N4O4
0007009-600
3.6-BIS-METHOXYCARBONYL-TETRAZIN
DCB 25-0139

C7H5NO
0001778-200
BENZONITRIL-N-OXID
DCB 25-0139

C7H6BR2
0007012-700
7.7-DIBROM-TETRACYCLO [4.1.0.0(2.4).0(3.5)] HEPTAN
KP.(0,1)55-60(BAD-TEMPERATUR)
BAA 25-0139

C7H8N2
0007008-101
7.8-DIAZA-TETRACYCLO [4.3.0.0(2.4).0(3.5)] NONEN-(7)
KP.(0,1)55-60(BAD-TEMPERATUR)
BAA 25-0139

C9H9NO
0007013-500
3.4-DIHYDRO-ISOCHINOLIN-N-OXID
DCB 25-0139

C10H11NO
0006829-400
2.4.6-TRIMETHYL-BENZONITRILOXID
DCB 25-0139

C12H11N3
0007007-301
9-PHENYL-7.8.9-TRIAZA-TETRACYCLO [4.3.0.0(2.4).0(3.5)] NONEN-(7)
F.116
BAA 25-0139

C12H12N2O4
0007010-200
7.10-BIS-METHOXYCARBONYL-8.9-DIAZA-
TETRACYCLO [4.4.0.0(2.4).0(3.5)] DECADIEN-(7.9)
F.104-108
BAA 25-0139

C13H11NO
0007004-001
9-PHENYL-7-OXA-8AZA-TETRACYCLO [4.3.0.0(2.4).0(3.5)] NONEN-(8)
F.106-108
BAA 25-0139

C15H15NO
0007014-501
1REF H.6CIS H.9TRANS H-7-OXA-8-AZA-1'.2'.3'.4'.-TETRAHYDRO-
ISOCHINOLINO [2'.1'-H] TETRACYCLO [4.3.0.0(2.4).0(3.5)] NONAN
F.143-145 (Zers.)
BAA 25-0139

C16H17NO
0007003-201
9-(2.4.6-TRIMETHYL-PHENYL)-7-OXA-8-AZA-
TETRACYCLO [4.3.0.0(2.4).0(3.5)] NONEN-(8)
F.101-103
BAA 25-0139

C19H16N2
0007006-501
7.9-DIPHENYL-7.8-DIAZA-TETRACYCLO [4.3.0.0(2.4).0(3.5)]
NONEN-(8)
F.171-173
BAA 25-0139

a)

BENZVALEN C6H6 0007002-200

b)

BR		
CBR2		25-0139
C7H6BR2		25-0139

c)

6,6(N)		
C9H9NO	0007013-500	25-0139
3,3,5		
C6H6	0007002-200	25-0139
3,3,3,5		
C7H6BR2	0007012-700	25-0139
3,3,5,5(NO)		
C13H11NO	0007004-001	25-0139
C16H17NO	0007003-201	25-0139
3,3,5,5(N2)		
C7H8N2	0007008-101	25-0139
C19H16N2	0007006-501	25-0139
3,3,5,5(N3)		
C12H11N3	0007007-301	25-0139
3,3,5,6(N2)		
C12H12N2O4	0007010-200	25-0139
3,3,5,6,6(N),8(NO)		
C15H15NO	0007014-501	25-0139
3,3,5(NO),6,6(N),8(NO)		
C15H15NO	0007014-501	25-0139

d)

Abb. 23. Entfaltete Information zur Arbeit der Abbildung 22 im Informationsmittel „Organische Chemie"

a Summenformeln, Registriernummern, Verbindungsnamen und Sachverhaltsverschlüsselungen im Formelregister
b Trivialnamen im Trivialnamenregister
c Heteroverbindungen im Heteroatomregister
d Ringcodierungen, Summenformeln und Registriernummern im Ringregister

relevanten Verbindungen, die Summenformel und die Registriernummer. In 11 Fällen sind im Ringregister Hinweise auf das Beispieldokument anzutreffen.

Der Forschungschemiker hat also über die Register (wenn noch das hier nicht gezeigte Sachregister hinzugenommen wird), mindestens 30 Eingänge zu einer Arbeit, die lediglich drei Seiten lang ist! Der Umfang der Register, letztlich also der spezialisierten Speicher, übertrifft den Umfang des „Haupt"-teils (Referate und Strukturbilder) um ein Mehrfaches.[76]

Aus einem Dokument werden gleichsam Dutzende neuer Dokumente abgeleitet, die jedes in einem Spezialspeicher Platz finden. Diese *„Entfaltung der Information"*, die äußerlich wie eine Verstärkung der Informationslawine, wie eine Verschlimmerung der Informationssituation erscheinen mag, trägt in Wirklichkeit den Keim zu neuen Qualitäten der Forschungstechnologie auf dem Gebiet der Chemie in sich. Ein Teil dieser Forschung wird künftig die computergestützte Erkundung des riesigen Feldes der entfalteten chemischen Information sein. D. I. MENDELEEV und L. MEYER schlossen 1869 indirekt auf Existenz und Eigenschaften noch nicht entdeckter chemischer Elemente. In ähnlicher Weise wird in Zukunft eine Voraussage von chemischen Verbindungen, Stoffklassen, Reaktionstypen, Anwendungsgebieten u. v. m. möglich sein. Das wird zu einer wirkungsvollen Unterstützung der Labortätigkeit des Chemikers führen.

Solche Entwicklungen werden nach Überzeugung des Autors auf allen Gebieten einsetzen, in denen moderne Informationssysteme aufgebaut und immer größere Mengen entfalteter wissenschaftlicher Information für den neugierigen Zugriff der Wissenschaftler und Ingenieure bereitgehalten werden.

8.4. ASSISTENT – integriertes Informationssystem der Natur- und Technikwissenschaften

Das System ASSISTENT wird vom VINITI in Moskau projektiert. Dabei werden die Erfahrungen genutzt, die in diesem größten Informationsinstitut der Welt seit 1952 gesammelt werden konnten. A. I. MICHAJLOV, A. I. ČERNYJ und R. S. GILJAREVSKIJ bemerken hierzu: „Die Schaffung des Systems ASSISTENT ist eine äußerst schwierige wissenschaftlich-technische, methodologische und organisatorische Aufgabe. Ihre Lösung wird es nicht nur erlauben, das Niveau der Versorgung der sowjetischen Wissenschaftler

76 Bei Chemical Abstracts verhält sich der Umfang der Registerbände zu dem der Referatebände wie 3,5:1 (vgl. N. M. SAGALOVIČ, Ukazateli k sovremennoj sisteme zarubežnych izdanij, in: [168], S. 118–120).

und Ingenieure mit wissenschaftlicher Information bedeutend zu erhöhen, sondern auch, Bedingungen für eine Nutzung der Vorzüge internationaler Arbeitsteilung beim Referieren und Indexieren wissenschaftlicher Dokumente und für den Austausch computerformierter Informationsmassive mit automatisierten Informationssystemen anderer Länder zu schaffen. Das wird auch der Entwicklung eines weltweiten Systems der wissenschaftlich-technischen Information zugute kommen" ([30], S. 377).

Der Aufbau des Systems ASSISTENT vollzieht sich seit 1971 und ist zweifellos mehr als eine „innerbetriebliche" Automatisierungsmaßnahme des VINITI, die darauf hinausliefe, bisher manuell ablaufende Prozesse zu formalisieren und dem Rechner zu übertragen. Das wäre zwar vom Ausmaß her schon eine beispiellose Leistung, denn das VINITI bearbeitet jährlich mehr als anderthalb Millionen veröffentlichter Dokumente aus mehr als 130 Ländern und in mehr als 60 Sprachen. VINITI bereitet sich mit ASSISTENT vor allem auch auf „Produktion und Export" einer der im Zeitalter der wissenschaftlich-technischen Revolution begehrtesten „Waren" vor: computerlesbarer Massive wissenschaftlicher Information. Es folgt damit einem internationalen Trend.

ASSISTENT gehört zur Klasse der *integrierten Systeme wissenschaftlicher Information.*[77] Solche Systeme zeichnen sich dadurch aus, daß die *Eingangsinformationen nur ein einziges Mal aufbereitet,* d. h. in ihre informativen Elemente zerlegt werden. Diese werden dann mit Hilfe des Rechners zu den unterschiedlichsten Massiven formiert (ähnlich, wie am SPRESI-Beispiel in Abschnitt 8.3. dargestellt), aus ihnen werden die herkömmlichen Informationsmittel wie Signalinformationen und Referativ-Journale mit ihrem Registerapparat, aber auch die ihnen entsprechenden computerlesbaren Ausgaben hergestellt.

Trotz des erheblichen Umfangs des Projekts hat auch ASSISTENT bestimmte *Grenzen.* ASSISTENT wird keineswegs ein „automatisierter Gesamtfundus des Weltwissens" werden, denn umfangreiche Wissenschaftsgebiete, wie die medizinischen, Landwirtschafts- und Gesellschaftswissenschaften werden von ASSISTENT nicht oder höchstens teilweise erfaßt. Selbst auf den ausgewählten Gebieten können wegen der Fülle des Materials für die tiefer aufbereiteten Massive (z. B. Referateblätter) nur 40–60 % des Weltaufkommens Berücksichtigung finden. Hochspezialisierte Informationsorgane wie beispielsweise ISOTOPE TITLES[78] werden daher weiterhin not-

77 Siehe die ausführlichen Beschreibungen des Funktionierens und der Informationsleistungen von ASSISTENT in [30], S. 361–377 und in [183].

78 ISOTOPE TITLES werden vom Institut für Isotopen- und Strahlenforschung der Akademie der Wissenschaften der DDR herausgegeben.

wendiger Bestandteil des Systems der wissenschaftlichen Kommunikation sein müssen. Bedenklich erscheint dem Autor, daß vom VINITI Forschungsberichte (Reports) nicht aufbereitet werden, weil sie nicht zur kommerziell erhältlichen wissenschaftlichen Literatur gehören.[79] Dadurch treten auf bestimmten Gebieten beträchtliche Informationsverluste ein, sie würden auf dem Gebiet der Kernwissenschaften ca. 30 % betragen (vgl. Abschnitt 8.3.).[80]

Das System ASSISTENT ist ein Teil des umfassenderen sowjetischen Staatlichen Automatisierten Systems wissenschaftlich-technischer Information. Zunehmend wird es über die wissenschaftliche Informationstätigkeit der wissenschaftlichen Forschung „assistieren". Sein Wirken sowie die Erfahrungen aus seinem Aufbau werden auch für die Informatikforschung von Nutzen sein.

8.5. ISWTI – internationales Informationssystem sozialistischer Länder

Das Internationale System der wissenschaftlich-technischen Information (ISWTI), welches sich unter der Leitung des Internationalen Zentrums für wissenschaftlich-technische Information (IZWTI), einem Gemeinschaftsinstitut der RGW-Mitgliedsländer in Moskau, entwickelt, läßt sich nicht einer der bisher behandelten Kategorien von Informationssystemen zuordnen. Es beruht auf anderen Voraussetzungen und verfolgt andere Ziele.

Voraussetzung ist die tiefe Überzeugung, daß es auch auf dem Gebiet der wissenschaftlichen Informationstätigkeit gilt, „die Vorzüge, die sich aus

79 Grundlage für die Informationstätigkeit des VINITI sind wissenschaftliche Zeitschriften und Bücher.

80 Das Für und Wider der Reportliteratur ist häufig erörtert worden. Der englische Physiker J. M. ZIMAN trat mit ernstzunehmenden Argumenten gegen die „Anerkennung" des Reports und dessen Gleichstellung mit dem (vor der Veröffentlichung rezensierten) Artikel in einer wissenschaftlichen Zeitschrift auf [184]. Selbstverständlich müssen die bei der geplanten und auftragsgebundenen Forschung anfallenden wissenschaftlich-technischen Berichte erfaßt und über sie muß informiert werden. Diese Aufgabe hat in der UdSSR das Allunionszentrum für wissenschaftlich-technische Information (VNTIC) übernommen, dessen Fonds allein 1974 einen Zugang von beinahe 300 000 Dokumenten (Forschungsberichte und Dissertationen) hatte; das Internationale Zentrum für wissenschaftlich-technische Information (IZWTI) in Moskau gibt Auskunft über die abgeschlossenen Forschungsarbeiten in den Ländern des Rates für gegenseitige Wirtschaftshilfe.
Nach dem Zweiten Weltkrieg hat verstärkt eine Entwicklung eingesetzt, die nicht übersehen werden darf: es entstand eine Reportliteratur, die der wissenschaftlichen Zeitschriftenliteratur ebenbürtig, ja in wichtigen kommunikativen Parametern überlegen ist. Besonders internationale Zweiginformationssysteme vom INIS-Typ sind geeignet, dieser Entwicklung Rechnung zu tragen [185].

der Internationalisierung des Wirtschaftslebens und der weltweiten Arbeitsteilung ergeben, auf der Grundlage der Gleichberechtigung und des gegenseitigen Vorteils für den sozialistischen Aufbau zu nutzen" ([3], S. 33). Ziel ist die wirkungsvolle informationelle Unterstützung der RGW-Länder bei der Verwirklichung ihres „Komplexprogrammes"[81] und ihrer langfristigen Zielprogramme[82].

Kompliziertheit und Einmaligkeit der Aufgaben, welche das IZWTI mit der Entwicklung des ISWTI übernommen hat, sind denen vergleichbar, welche das VINITI für das System ASSISTENT bewältigen muß. Diese Aufgaben umfassen nicht nur die Koordinierung der Entstehung zahlreicher internationaler Zweiginformationssysteme (IZIS, s. Tabelle 5), eine eigene Informationstätigkeit auf der Basis einer Reihe internationaler spezialisierter Informationssysteme (sog. quellenorientierter Systeme, IQIS, s. Tabelle 4), sondern auch die Ausarbeitung der Methodologie des gesamten Systems und der Technologie der im System ablaufenden Prozesse. So ist das ISWTI eigentlich eine Rahmenkonzeption für das Entstehen eines ganzen Komplexes unterschiedlicher Teilsysteme, die sich gegenwärtig in den verschiedensten Entwicklungsstadien befinden [187] und deren Anzahl noch zunehmen wird.

Die Zielprogramme rufen einen Informationsbedarf hervor, der durch die bestehenden zweig- und quellenorientierten Informationssysteme allein nicht gedeckt werden kann. Ein als SINTES („Synthese") bezeichnetes Projekt sieht daher vor, die problemorientierte Informationsversorgung sowohl auf Basis derjenigen Informationen zu gestalten, die von den RGW-Mitgliedsländern eingebracht werden, als auch mit Datenbasen, die auf dem Weltmarkt wissenschaftlicher Information angeboten werden. Das IZWTI verfügt, nicht zuletzt wegen der konsequenten Orientierung auf die Nutzung von Computern aus dem abgestimmten Produktionsprogramm der RGW-Länder, über unikale Möglichkeiten, die Informationen für die Zielprogramme, aber auch für ähnlich vielschichtig gelagerte wissenschaftliche und technische Vorhaben, in der richtigen „Abpackung" (russ. pereupakovka) zur Verfügung zu stellen.

81 „Komplexprogramm für die weitere Vertiefung und Vervollkommnung der Zusammenarbeit und Entwicklung der sozialistischen ökonomischen Integration der Mitgliedsländer des RGW" [186].

82 Die Ausarbeitung dieser Programme wurde auf der XXX. Tagung des RGW (1976) beschlossen und erfolgt auf fünf Gebieten: für die Zusammenarbeit in den Brennstoff-, Energie- und Rohstoffzweigen, im Maschinenbau, bei der Produktion von Hauptnahrungsmitteln, für die Erweiterung der Produktion und der gegenseitigen Lieferungen industrieller Konsumgüter sowie zur Entwicklung der Transportverbindungen der Mitgliedsländer des RGW.

Tabelle 4
Internationale Spezialisierte Informationssysteme als Teilsysteme des Internationalen Systems der wissenschaftlich-technischen Information

Systembezeichnung in russ. Abkürzung	System informiert über
MSIS NIR	Forschungs- und Entwicklungsberichte, Dissertationen
MISOD	Veröffentlichte Dokumente
MS P!K	Firmenschriften
MSPI	Patente
INTERINFORMPEREVOD	Übersetzungen
INTERFILM'INFORM	Wissenschaftlich-technische Filme
ASPRI	Periodika der RGW-Länder

Tabelle 5
Internationale Zweiginformationssysteme als Teilsysteme des Internationalen Systems der wissenschaftlich-technischen Information

Systembezeichnung in russ. Abkürzung	Zweig	Partnerinstitution in der DDR
MOPNTI po vnutrennoj torgovle	Binnenhandel	Ökonomisches Forschungszentrum des Binnenhandels, Berlin
VODOINFORM	Wasserwirtschaft	Institut für Wasserwirtschaft, Berlin
GEOINFORM	Geologie	Zentrales Geologisches Institut, Berlin
LEGPROMINFORM	Leichtindustrie	Forschungsinstitut für Textilindustrie, Karl-Marx-Stadt
INFORMTRAKTORSEL'CHOZMAŠ	Traktoren- und Landmaschinenbau	VEB Kombinat Fortschritt, Neustadt
INFORCHIMMAŠ	Chemie- und Erdölverarbeitungsanlagenbau	VEB Ingenieurbüro für Chemie, Leipzig
INFORMTECHNOLOGIJA	Technologie	Forschungszentrum des Werkzeugmaschinenbaus, Karl-Marx-Stadt
INFORMUGOL'	Kohlenbergbau	VEB Rationalisierung Braunkohle, Großräschen
INFORCHIM	Chemie und chemische Industrie	Zentralstelle für Information der chemischen Industrie, Berlin-Johannisthal
		Zentralinstitut für Information und Dokumentation der DDR, Berlin
CVETMETINFORM	Nichteisenmetallurgie	Zentralinstitut für Metallurgie, Berlin
		Forschungsinstitut für Nichteisenmetalle, Freiberg
MSNTI po černoj metallurgii	Eisenhüttenwesen	Zentralinstitut für Metallurgie, Berlin

noch **Tabelle 5**

Systembezeichnung in russ. Abkürzung	Zweig	Partnerinstitution in der DDR
MSNTI po elektrotechnike	Elektrotechnik	Institut für Rationalisierung der Elektrotechnik/ Elektronik, Dresden
MSNTI po ėlektroėnergii	Elektroenergie	Institut für Energetik, Leipzig
MEDINFORM	Medizin	Institut für Wissenschaftsinformation in der Medizin, Berlin
INFORMNEFTEGAZ	Erdöl- und Erdgasindustrie	Brennstoffinstitut, Freiberg
PIŠČEPROMINFORM	Nahrungsgüterindustrie	Zentralinstitut des Ministeriums für bezirksgeleitete und Lebensmittelindustrie, Berlin
AGROINFORM	Land- und Forstwirtschaft	Institut für Landwirtschaftliche Information und Dokumentation der Akademie der Landwirtschaftswissenschaften der DDR, Berlin
MSNTI po ochrane okružajuščej sredy	Umweltschutz	Institut für Wasserwirtschaft, Berlin
MSNTI po stroitel'stvu	Bauwesen	Bauakademie der DDR

Das ISWTI ersetzt nicht die nationalen Systeme der wissenschaftlichen und technischen Information – im Gegenteil, diese sind seine unbedingte Voraussetzung. Die Wechselwirkung von nationalen Systemen und ISWTI[83] wird ohne Zweifel zu einer Beschleunigung des objektiven Prozesses führen, der seit einigen Jahren mit der Zusammenarbeit sozialistischer Länder auf dem Gebiet der wissenschaftlichen Informationstätigkeit eingesetzt hat.

83 Hier sei als Beispiel nur erwähnt, daß das Programmpaket „Automatisiertes Informations- und Dokumentationssystem (AIDOS)" aus dem VEB Kombinat Robotron nicht nur in der DDR in mehreren Dutzend automatisierter Systeme wissenschaftlicher Information, sondern auch im IZWTI verwendet wird.

9. Information über Information

„Der erste und schwierigste Schritt besteht darin, unser heutiges Wissen zur Beseitigung bekannter Übel zu gebrauchen. Der zweite besteht darin, die Forschung einzusetzen, um neue Mittel zur Beseitigung von Übelständen zu finden, die wir heute noch nicht vermeiden können. ... Darüber hinaus gibt es aber weitere Aufgaben: Fortsetzung und Ausdehnung der Forschung, um die bisher unbekannten Übel zu entdecken, die dann bekämpft und beseitigt werden müssen."
John Desmond BERNAL ([92], S. 857 f.).

Informatikforschung ist ein objektives Erfordernis. Ohne sie kann die Wissenschaft den Übergang von der vorwiegend extensiven zur vorwiegend intensiven Entwicklung nicht schnell genug vollziehen. Zum Wesen dieser Forschung äußert sich L. S. KOZAČKOV in „Systeme wissenschaftlicher Informationsströme": „Es muß anerkannt werden, daß in unserer Zeit die wissenschaftliche Information selbst ein nicht weniger wichtiges Forschungsobjekt der Wissenschaft ist, als es die Objekte der Natur sind, die von der Wissenschaft experimentell untersucht werden. Forschungsobjekt der Wissenschaft wird mit jedem Tag mehr die wachsende Anzahl von Gesetzmäßigkeiten in Natur, Gesellschaft und im Denken, welche ihre materielle Gestalt in Form von Dokumenten der wissenschaftlichen Information gefunden haben. ... Allerdings sind die Instrumente zur Untersuchung dieses außerordentlich komplizierten Objektes nach wie vor hauptsächlich die ‚Methoden unserer Großväter'" ([40], S. 189).

Welches sind diese komplizierten *Objekte der Informatikforschung?* Elementarteilchen der Information, elementare Informationsstrukturen, auf die sich der unübersehbare Reichtum der semantischen Information zurückführen ließe, Quanta der Information, die in den Elementarakten der wissenschaftlichen Kommunikation ausgetauscht werden?

Die Existenz von Enthusiasten, die nach den Sternen im Mikrokosmos der Information greifen möchten, ist nicht zu leugnen. Die reale Informatikforschung, wie sie überall in der Welt eingesetzt hat, geht anders vor, geht jenen ernsthaften Weg, der von Versuch und Irrtum, Erfolg und Enttäuschung geprägt ist.

Die Untersuchungen gelten sowohl der Praxis als auch der Theorie der wissenschaftlichen Information und Kommunikation. Beide bedingen einander, ähnlich wie experimentelle und theoretische Physik. Gezwungen, mit ständig anschwellenden Strömen wissenschaftlicher Information fertig zu werden, kann die Informationspraxis scheinbar nicht warten, bis die Forschung grundlegende Erkenntnisse zur Verfügung gestellt hat. Praxis und Forschung stehen zumeist in einem ungünstigen Verhältnis zueinander. Dieser Zustand ist nicht sprunghaft veränderbar, zumal die wissenschaftliche Kommunikation einige Hundert Jahre lang ohne Theorie ausgekommen ist. Offensichtlich gilt aber: Je stärker die Ströme wissenschaftlicher Information werden, die von den Informationseinrichtungen beherrscht werden müssen, desto größer ist deren Verpflichtung, sich mit der Erforschung dieser Informationsströme zu befassen.

Die *Erforschung von Informationsströmen* ist der Kern der Informatikforschung. Die Suche nach Gesetzmäßigkeiten beginnt gerade dort, wo die individuellen, konkreten wissenschaftlichen Informationen in ihrer großen Anzahl „ununterscheidbar" werden. Solche Gesetzmäßigkeiten sind schon aufgefunden worden. Vor allem sind es Erkenntnisse über die *zeitliche Entwicklung* von Informationsströmen (z. B. Wachstums- und Alterungsprozesse), über die *Kopplung* von Informationsströmen untereinander (z. B. Streuprozesse) und über die *Verteilung von Informationen* in Informationsströmen (z. B. Rangverteilungen).

Die Bedeutung einer genauen Kenntnis von Wachstumsverläufen für die wissenschaftliche Informationstätigkeit ist unmittelbar einleuchtend. Dagegen ist die Problematik der Rangverteilungen nach Auffassung des Autors zu wenig bekannt (Abschnitt 9.1.). Aus der Kenntnis von Rangverteilungen ergeben sich ebenfalls wichtige Folgerungen für die wissenschaftliche Informationstätigkeit. Die Existenz internationaler Informationssysteme vom INIS-Typ hat bedeutsame Konsequenzen für die Informationsbedarfsforschung, einen wichtigen Teil der Informatikforschung (Abschnitt 9.2.). In der zukünftigen Informatikforschung sollte als wesentliches Element ihrer Gestaltung vor allem die Nutzung der großen computerlesbaren Informationsmassive in den Hauptgebieten der Wissenschaft als experimentelle Basis berücksichtigt werden (Abschnitt 9.3.).

9.1. Rangverteilungen

M. G. KENDALL definiert eine *Rangverteilung (Rangfolge)* in dieser Weise: „Eine Folge von Objekten, die nach einem bestimmten Merkmal angeordnet sind (das diesen Objekten in ungleichem Maße eigen ist), wird ‚geordnete Folge' genannt. Der Prozeß dieses Ordnens selbst heißt ‚Rangieren' und jedem Glied der Folge wird dabei ein ‚Rang' verliehen" ([188], S. 7).

In Tabelle 6 sind willkürlich gewählte Beispiele für Rangverteilungen, geordnete Folgen, zusammengestellt.

Es ist üblich, daß die Objekte bei der Aufstellung von Rangfolgen dergestalt rangiert werden, daß die Merkmalshäufigkeit mit zunehmendem Rang abnimmt: je höher der Rang des Objektes, desto seltener ist das Merkmal in dem Objekt vertreten. Je höher beispielsweise der Rang einer Zeitschrift ist (Beispiel 1), desto weniger sind in ihr Arbeiten des betreffenden Gebietes enthalten. Abbildung 24 zeigt eine solche Rangverteilung. Zeitschriften-Rangverteilungen werden häufig mit dem Namen S. C. BRADFORD verbunden. Dieser englische Chemiker und Bibliograph fand bestimmte Regelmäßigkeiten für die Häufigkeitsverteilung von Arbeiten in wissenschaftlichen Zeitschriften heraus. Die *„BRADFORDsche Regel"* [189] besagt: wird (nach dem Rangieren) die Folge der Zeitschriften so in drei (ungleich lange) Teilfolgen eingeteilt, daß diese Teilfolgen jeweils ein Drittel aller Artikel enthalten, dann verhalten sich die Längen der Teilfolgen (die Teilmengen der Zeitschriften) derart, daß die zweite Folge a mal mehr Zeitschriften enthält als die erste, und die dritte Folge a^2 mal mehr als die erste.

Etwa zur gleichen Zeit, 1949, stellte G. K. ZIPF die Ergebnisse linguistischer Untersuchungen vor [190]. Er hatte die Worthäufigkeiten in Texten verschiedener natürlicher Sprachen mit ganz unterschiedlichem Wortschatz untersucht und war zu Rangfolgen für die Wörter gelangt, die sich alle durch denselben Verlauf mathematisch beschreiben ließen (Beispiel 2). Ein Vierteljahrhundert vorher, 1926, war von A. J. LOTKA untersucht worden, wie sich die unterschiedliche „Produktivität" von Wissenschaftlern, manifestiert durch die Anzahl ihrer Publikationen, in eine Rangfolge bringen läßt [191]. Nur wenige Wissenschaftler sind es, die sehr viel schreiben, immer mehr Wissenschaftler in der Rangfolge aufwärts schreiben immer weniger (Beispiel 3). A. J. LOTKA formulierte die Gesetzmäßigkeit der Abnahme.[84] G. K. ZIPF wies auch auf das Beispiel 4 hin: wie sich die Bevölkerung der USA auf die Städte und Gemeinden des Landes verteilt.

84 Die Form, in der Beispiel 3 in die Tabelle 4 eingegangen ist, beruht auf einer Anregung von D. J. DE SOLLA PRICE ([46], S. 43).

Tabelle 6
Rangverteilungen in unterschiedlichen Gebieten

	Rangierte Objekte	Rangiermerkmal	Gesamtheit der Rangiermerkmale	Ref.
1	Journale eines Fachgebietes	Anzahl der zum Fachgebiet gehörenden Artikel im Journal	Alle Journalartikel eines Fachgebietes	[189]
2	Wörter eines Wörterbuches	Häufigkeit des Vorkommens der Wörter im Text	Text	[190] [195]
3	Wissenschaftler eines Fachgebietes	„Produktivität", d. i. Mindestanzahl wissenschaftlicher Arbeiten des Wissenschaftlers auf dem Fachgebiet	Alle wissenschaftlichen Arbeiten der Wissenschaftler des Fachgebietes	[191]
4	Städte und Gemeinden eines Landes	Einwohnerzahl der Städte und Gemeinden	Gesamtbevölkerung des Landes	[190]
5	Farben eines Bildes	Fläche, die von einer Farbe eingenommen wird .	Bild	[192]
6	Eisblumen	Form der Eisblumen	Eisblumenfenster[85]	
7	Journale eines Fachgebietes	Anzahl der Zitierungen, in denen ein bestimmtes Journal vorkommt	Alle Zitierungen von Journalen des Fachgebietes	[192]
8	Schlüsselwörter der Dezimalklassifikation zu einem Fachgebiet	Häufigkeit des Vorkommens eines bestimmten Schlüsselwortes in Referaten	Alle Schlüsselwörter in Referaten zu Arbeiten des Fachgebietes	[193]
9	Betriebe eines Wirtschaftszweiges	Betriebsgröße	Gesamtgröße des Wirtschaftszweiges	
10	Journale eines durch Nutzerprofile bestimmten Fachgebietes	Anzahl der Artikel, die bei der Selektiven Informationsverbreitung (SIV) in einem bestimmten Journal nachgewiesen wird	Alle Journalartikel, die bei der SIV genannt werden	[194]

85 Das Beispiel stammt von A. A. LJUBIŠČEV (nach [192])

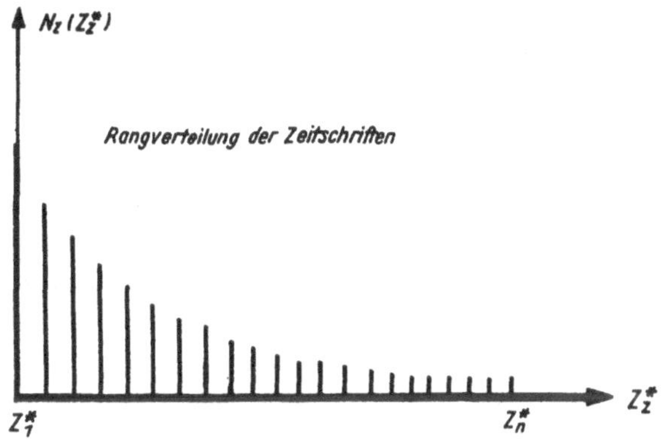

Abb. 24. Zeitschriften-Rangfolge (aus [194], vgl. auch Abschnitt 9.2.) $N_z(Z_z^*)$ Anzahl von Artikeln des Fachgebietes in der Zeitschrift mit dem Rang z. z = 1, ..., n. Z_1^* Zeitschrift mit dem niedrigsten Rang, Z_n^* Zeitschrift mit dem höchsten Rang

Nicht auf alle Beispiele der Tabelle 6 kann hier eingegangen werden (Beispiel 10 wird in Abschnitt 9.2. behandelt), die Aufzählung ist zudem keineswegs erschöpfend. Daran, daß Rangfolgen auf den unterschiedlichsten Gebieten, z. B. in der Informatik, Linguistik, Demoskopie, Ästhetik, Ökonomie usw. aufgestellt werden können, ist nichts Verwunderliches. Verständlich ist auch, daß aus der Kenntnis von Rangverteilungen praktische Schlußfolgerungen für die betreffenden Gebiete gezogen werden können. Wenn beispielsweise zwei Drittel aller wissenschaftlichen Arbeiten eines Gebietes schon in 10 % aller Zeitschriften des Gebietes zu finden sind, so genügt es offenbar für eine Bibliothek, diese 10 % der Zeitschriften, die „Schlüsselzeitschriften", zu halten.[86]

Erstaunlich war es allerdings, daß Rangverteilungen auf sehr unterschiedlichen Gebieten auf einheitliche mathematische Weise beschreibbar waren: die Abnahme der Merkmalshäufigkeit erfolgt im wesentlichen umgekehrt proportional zum Rang des Objekts – in Form einer gleichseitigen Hyperbel!

Welches gemeinsame Gesetz liegt diesem Gleichverlauf der Rangverteilungen zugrunde? Was verbindet ein Eisblumenfenster mit der Zeitschriften-

86 Dies bedeutet keine „Disqualifizierung" der wissenschaftlichen Informationen, die sich in den „restlichen" 90 % der Zeitschriften befinden. Auf sie muß der Wissenschaftler auf andere Weise, etwa über Titellisten oder SIV hingewiesen werden.

struktur einer Bibliothek, wie hängt die Größe unserer Städte mit der Verteilung von Zahlen der Dezimalklassifikation auf Arbeiten eines Wissenschaftsgebietes zusammen, was haben die Farben eines Bildes von Rembrandt mit dem Wissenschaftlerkollektiv eines Fachgebietes gemeinsam?

Das sind typische Probleme für eine komplexe Grundlagenforschung, an der auch die Informatik teilhat. Immer umfangreicher wird die Literatur, die sich mit ihnen befaßt, denn diese Probleme sind nicht gelöst. Neue Beispiele werden bekannt, der mathematische Apparat wird verbessert [40, 196], mengentheoretische [193] oder wahrscheinlichkeitstheoretische [192] Ideen für den Rangverteilungsmechanismus werden entwickelt. Die Situation ist mit der Anfangssituation auf dem Gebiet der Kernphysik vergleichbar, als unterschiedliche Kernmodelle zwar einzelne Seiten des Verhaltens der nuklearen Objekte gut beschrieben, die Natur der Kernkräfte aber noch gänzlich im Dunkel lag. Der Reichtum an Objekten, für die es sinnvoll und praktisch wichtig ist, Rangfolgen zu untersuchen, ist groß. Dieser Forschungszweig wird wahrscheinlich innerhalb der Informatikforschung besondere Bedeutung erlangen.

Aussichtsreich erscheint vor allem die Erforschung von Rangverteilungen an großen Informationsmassiven [197]. Sie wird in dem Maße zunehmen, in dem die Massive selbst wachsen und Aufbereitung der Informationen sowie rechnergestützter Zugriff zu ihnen es erlauben, die Objekte – den gewünschten Merkmalen entsprechend – in den Massiven aufzufinden und zu Rangfolgen zusammenzufügen.

Hier wird ein typisches Merkmal der Informatikforschung sichtbar, auf das besonders JU. A. ŠREJDER hingewiesen hat: Nicht konkrete Information für konkrete Nutzer, sondern „Information über Information" – *Metainformation* – ist der wesentliche *Gegenstand der Informatikforschung* [198].

9.2. Objektiver Informationsbedarf und optimaler Bestandsaufbau

In der *Informationsbedarfsforschung* mehren sich diejenigen Auffassungen, welche den *Informationsbedarf* als eine *objektiv existierende Größe* bestimmen, die sich aus der Aufgabe herleitet, zu deren Lösung Information benötigt wird (vgl. Abschnitt 6.1.).

Daher wird versucht, zur Ermittlung des Informationsbedarfs solche Methoden zu benutzen, bei denen das (subjektiv vorhandene) Wissen des Forschers oder Ingenieurs keine oder keine wesentliche Rolle spielt. Es erscheint paradox, aber die ungeeignetste Methode, den Informationsbedarf in Bezug auf eine bestimmte Aufgabe festzustellen, ist es, den Wissenschaftler, der die Aufgabe lösen soll, danach zu befragen. Ergiebiger ist es, wenn die Erfahrungen der Informationseinrichtungen, Bibliotheken usw. in die Ermittlung einfließen können. Für relativ grobe Ermittlungen sind Fragebogenmethoden gebräuchlich, die auf Gruppen von Spezialisten angewandt werden. Solche Methoden geben verständlicherweise Antwort auf die Frage nach dem Informationsbedarf größerer Nutzergruppen, etwa der Wissenschaftler eines Instituts, und beziehen sich eher auf den „Informationsquellenbedarf" der Informationseinrichtung als auf den Bedarf eines speziellen Nutzers.

Es ist offensichtlich schwierig, die unterschiedlichen Methoden zu bewerten (für sie eine Rangfolge aufzustellen), denn dazu müßte ein Maßstab existieren – möglichst der objektive Informationsbedarf selbst bekannt sein. Dieser ideale Maßstab ist niemals vollständig herstellbar. Daher muß für die Bedürfnisse der Praxis nach Näherungsmethoden gesucht werden, die hinreichend genau sind. Wie müßte das System beschaffen sein, das Anwort auf die Frage nach dem objektiven Informationsbedarf mit nicht mehr übertreffbarer Genauigkeit zu geben vermag?

Nach Auffassung des Autors ist hierfür ein *System von INIS-Typ am besten geeignet.* Systeme vom INIS-Typ arbeiten bekanntlich derart, daß alle Teilnehmerländer und -organisationen nur diejenigen Informationen in den Speicher eingeben, welche bei ihnen selbst erzeugt worden sind (vgl. Abschnitt 8.2.). Sie bedienen sich dabei einer vereinbarten Sprache, um das gleichmäßige Funktionieren des Systems überall in der Welt zu gewährleisten. Es kann angenommen werden, daß durch die „Länderfilter" nur solche wissenschaftlichen Informationen hindurch gelangen, die als bedeutsam für das betreffende Gebiet eingeschätzt werden und daß der Gesamtspeicher, das Gesamtinformationsmassiv, nicht durch die Eigenheiten irgendeines Landes geprägt ist, sei es auch nur durch die Bevorzugung einer bestimmten Sprache.

Wie gestaltet sich die Wechselwirkung des Systems mit dem Nutzer X, der von diesem wegen der geschilderten Eigenschaften erwarten kann, daß es „seinen" Informationsbedarf enthält? Das System wird zwar mit dem „Nutzerprofil" des Nutzers X konfrontiert, aber dieses ist selbstverständlich die in der Sprache des Systems (etwa als Deskriptorenketten) formulierte Aufgabenstellung des Nutzers X, sein „Aufgabenprofil". Da auch die wissenschaftlichen Informationen im Speicher in dieser Sprache ausgedrückt sind, ergibt eine Recherche – der Vergleich der Dokumentenprofile mit dem Aufgabenprofil – die zu der betreffenden Aufgabe gehörende Liste von Informationen, die in ihrer Gesamtheit den objektiven Informationsbedarf für den Nutzer X darstellt. Die Individualität des Nutzers, beispielsweise seine wissenschaftlichen Kenntnisse und Fähigkeiten, spielen dabei keine Rolle: dieselbe Liste wird jedem Nutzer des Systems überall in der Welt ausgegeben, sofern sein Nutzerprofil (Aufgabenprofil) dasselbe ist.

Systeme wie INIS, MEDLARS, INSPEC, ASSISTENT, CAS usw. geben bei Befragung vorwiegend die Adressen von Informationen (Zeitschriften, Patentnummern, Reportnummern) an. Sie liefern nicht die wissenschaftlichen Dokumente selbst aus. Daher entsteht für die Informationseinrichtungen das Problem der Beschaffung der Dokumente und der Unterstützung dieser Beschaffung durch eine optimale „Lagerhaltung" von Informationsquellen. Da die wissenschaftlichen Informationen, welche den Nutzern als Informationsbedarf nachgewiesen werden, nicht gleichmäßig über die Informationsquellen verteilt sind (vgl. Abschnitt 9.1.), ist mit dem *aufgabenbezogenen Informationsbedarf* der Wissenschaftler ein *aufgabenbezogener Informationsquellenbedarf* der Informationseinrichtung organisch verbunden. Offensichtlich gestatten deswegen Systeme vom INIS-Typ auch die bestmögliche Ermittlung des Informationsquellenbedarfs, d. h. beispielsweise die Beantwortung der Frage, welche wissenschaftlichen Zeitschriften zum ständigen Bestand der Bibliothek eines Forschungsinstituts gehören sollten.

Zur Veranschaulichung einer solchen Ermittlung sei an Abbildung 15 erinnert, in der ein Massiv aus Informationen dargestellt ist, die unterschiedlichen Informationskategorien zugehören und für unterschiedliche Nutzerkategorien relevant sein können. Dieses Bild bleibt im Prinzip erhalten, auch wenn im folgenden einige Vereinfachungen der Voraussetzungen vorgenommen werden, die es erlauben, zu quantitativen Schlußfolgerungen zu gelangen:

- unter Informationen sollen nur Nachweise von Artikeln in wissenschaftlichen Zeitschriften verstanden werden,
- die Nutzerkategorien werden durch eine Folge (keine Rangfolge) von Profilen P_p ersetzt, die stellvertretend für die Aufgaben einzelner Nutzer oder Nutzerkollektive stehen,
- die Informationskategorien werden durch eine Folge (keine Rangfolge) von wissenschaftlichen Zeitschriften, Z_z, ersetzt,
- die Aufgaben der Nutzer, welche die Informationseinrichtung betreut, lassen sich informationell von einem Informationssystem des INIS-Typs überdecken.

Es wird ein Arbeitsspeicher aufgebaut (vgl. Abbildung 25), in dem m · n Plätze zur Verfügung stehen. Als Speichermatrix der Zeitschrifteninformationen läßt sich dies auf folgende Weise schreiben:

$$N_{pz} = \{ N_{pz} \} .$$

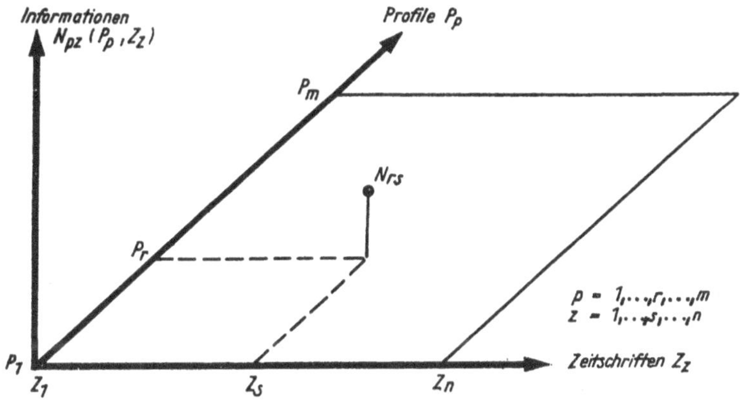

Abb. 25. Arbeitsspeicher für Koinzidenzen N_{rs} zwischen Profilen P_r und Zeitschriften Z_s (aus [194])

$$N_{pz} = \begin{pmatrix} N_{11} & N_{12} \ldots & N_{1s} \ldots & N_{1n} \\ \cdot & \cdot & \cdot & \cdot \\ \cdot & \cdot & \cdot & \cdot \\ \cdot & \cdot & \cdot & \cdot \\ N_{r1} & N_{r2} \ldots & N_{rs} \ldots & N_{rn} \\ \cdot & \cdot & \cdot & \cdot \\ \cdot & \cdot & \cdot & \cdot \\ \cdot & \cdot & \cdot & \cdot \\ N_{m1} & N_{m2} \ldots & N_{ms} \ldots & N_{mn} \end{pmatrix}$$

Jeder Speicherplatz entspricht der „Koinzidenz" zwischen einem Profil P_p (p = 1, ..., r, ..., m) und einer Zeitschrift Z_z (z = 1, ..., s, ..., n) und enthält die Anzahl N_{rs} der Informationen, die im Verlauf der Selektiven Informationsverbreitung (SIV) für das Nutzerprofil (Aufgabenprofil) P_r in der Zeitschrift Z_s angezeigt worden sind. Eine Information, die für mehrere Profile zutreffend ist, wird entsprechend mehrfach gezählt. Abbildung 26 zeigt, wie sich der Arbeitsspeicher mit der Anzahl von insgesamt N Informationsnachweisen gefüllt hat. Die Ähnlichkeit mit einem Gebirge ist ver-

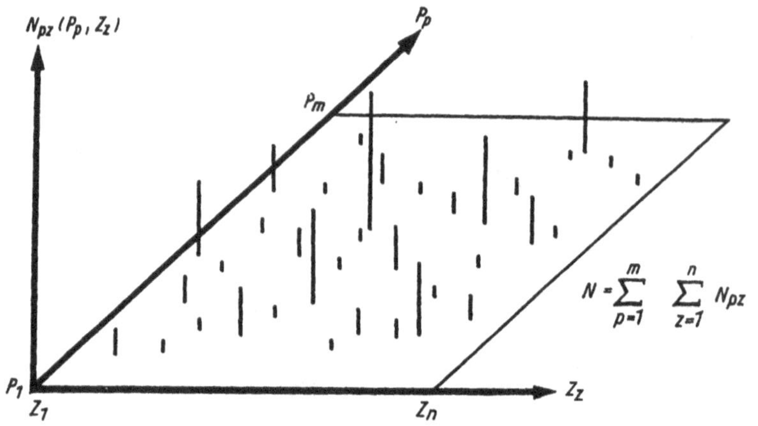

Abb. 26. Mit Koinzidenzereignissen gefüllter Arbeitsspeicher (aus [194])

schwunden, weil Zeitschriften- und Nutzerfolgen laut Definition voneinander völlig unabhängig gewählt worden waren.

Dieser *Arbeitsspeicher* enthält viele Metainformationen, die in Abhängigkeit von der Art der Auswertung des Speichers zutage treten. *Vier Varianten der Auswertung* sollen erläutert werden. Ihnen entsprechen die Abbildungen 27 bis 30.

Erstens kann für eine bestimmte Zeitschrift Z_s aus der Menge der Zeitschriften verfolgt werden, wie sich deren Informationen auf die Profile verteilen. Eine Zeitschrift, die gleichzeitig von sehr vielen Nutzern benötigt wird, könnte eine höhere Chance erhalten, zum ständigen Bestand zu gehören, als eine Zeitschrift, die nur einem Profil „dient", sei es auch mit vielen Informationen (Abbildung 27).

Zweitens läßt sich für jedes Nutzerprofil über alle Zeitschriften summieren. Hierdurch verlieren die Einzelzeitschriften ihre Individualität, übrig bleibt eine Verteilung der Informationen über die Profile. Sofern die Zahl der Wissenschaftler eines bestimmten Profils bekannt ist, ließe sich eine Größe ableiten, die als mittlere Informationsbelastung eines Wissenschaftlers bezeichnet werden könnte. Ist diese zu groß, dann läßt sich die vorgesehene Aufgabe nicht rasch genug erfüllen – das Kollektiv müßte dann vergrößert oder der Aufgabenumfang reduziert werden. Ist sie zu klein, dann könnten zusätzliche Aufgaben übernommen werden (Abbildung 28).

Drittens kann die Verteilung der Zeitschriften auf ein bestimmtes Nutzerprofil P_r untersucht werden. Hierbei entstehen zwei interessante

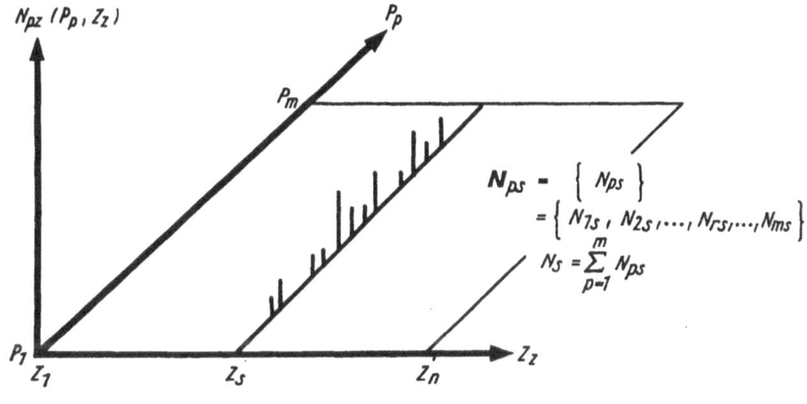

Abb. 27. Verteilung der Informationen der Zeitschrift Z_s über alle Profile (aus [194])

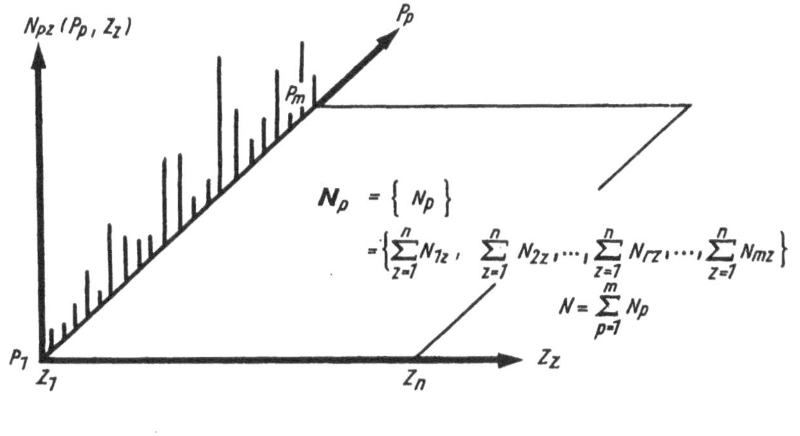

Abb. 28. Verteilung der Informationen aus allen Zeitschriften über alle Profile (aus [194])

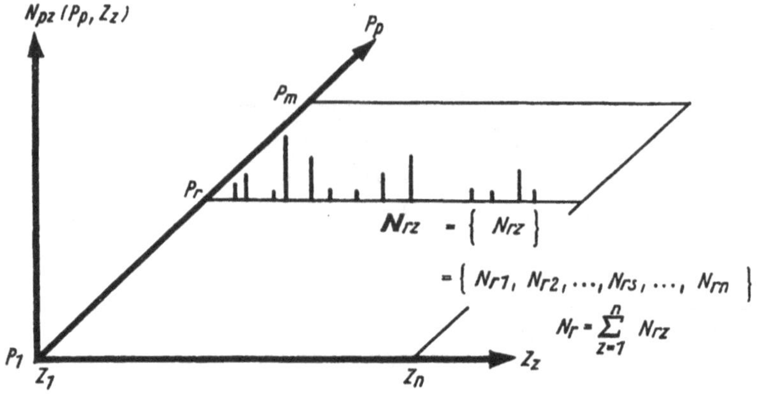

Abb. 29. Informationen aller Zeitschriften zu einem Profil P_r (aus [194])

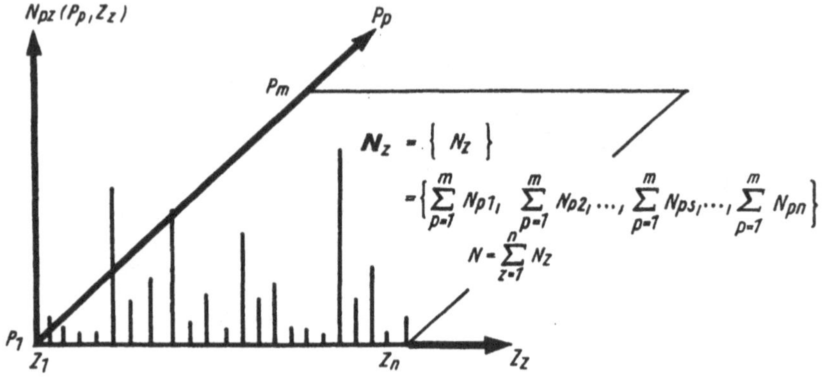

Abb. 30. Verteilung aller Informationen über alle Zeitschriften (aus [194])

Fragen, die bisher einer objektiven Beantwortung kaum zugänglich waren: „Gilt die Regel von S. C. BRADFORD (vgl. Abschnitt 9.1.) auch für ein einzelnes Aufgabenprofil?" und: „Stimmt es wirklich, daß jeder Wissenschaftler im Durchschnitt nur eine begrenzte Anzahl von Zeitschriften zu verfolgen braucht?" (Abbildung 29).

Viertens läßt sich für jede Zeitschrift über alle Aufgabenprofile summieren. Dabei verlieren die Aufgabenprofile und damit die Nutzer, die von ihnen repräsentiert werden, ihre Individualität. Die Verteilung der Informationen über die Zeitschriften ist aber zunächst noch ungeordnet (Abbildung 30). Das Rangieren der Zeitschriften, ihre Anordnung als Folge gemäß abnehmender Anzahl der in ihnen enthaltenen, für die Gesamtheit der Aufgabenprofile zutreffenden Informationen ergibt die Rangverteilung der Zeitschriften N_z (Z_z^*) mit $z = 1, \ldots, n$, wie sie in Abbildung 24 dargestellt wurde. Im linken Teil dieser Rangverteilung befinden sich die für die Forschungseinrichtung relevanten Zeitschriften – darunter am äußersten linken Rande die *Schlüsselzeitschriften* –, die unbedingt zum ständigen Bestand gehören sollten. Auf die ganz rechts liegenden Zeitschriften, kann verzichtet werden. Wohin der Schnitt zu legen ist, hängt u. a. von den finanziellen Verhältnissen der Informationseinrichtung ab.

Nach dem Rangieren kann mit der *Optimierung des Zeitschriftenbestandes* begonnen werden. Ihr Sinn besteht in einer lückenlosen Auffüllung des Bestandes mit den objektiv notwendigen Zeitschriften bis hin zu einem bestimmten Rang, und im Verzicht auf alle Zeitschriften mit einem höheren Rang. Das bedeutet Ankauf und Aussonderung von Zeitschriften zugleich. Im „günstigen" Falle befinden sich rechts von der Schnittstelle soviel Zeitschriften, die ausgesondert werden können, daß die dadurch freiwerdenden Mittel für die Beschaffung fehlender Zeitschriften links von der Schnittstelle mehr als ausreichend sind.

Insgesamt erhöhen sich die Informationsleistungen der Einrichtung durch die Umverteilung der Mittel zugunsten der Zeitschriften mit dem höheren Informationswert (Abbildung 31).

Die Kurve der idealen Komplettierung entsteht durch Aufsummierung der in der Zeitschriften-Rangverteilung enthaltenen Informationen. Der Komplettierungsgrad ist eins oder die Komplettierung beträgt 100 % für 400 Zeitschriften. Von dieser Kurve unterscheidet sich deutlich die Kurve der realen Komplettierung, die entsteht, wenn die Informationen der in der Informationseinrichtung wirklich vorhandenen Zeitschriften aufsummiert werden. Daß dies nur 98, und nicht 400 Zeitschriften sind, ist normal – aber dieser Teil ist völlig falsch über die objektive Rangliste der Zeitschriften verteilt und deshalb ist mit ihm nur ein Komplettierungsgrad von 55 %

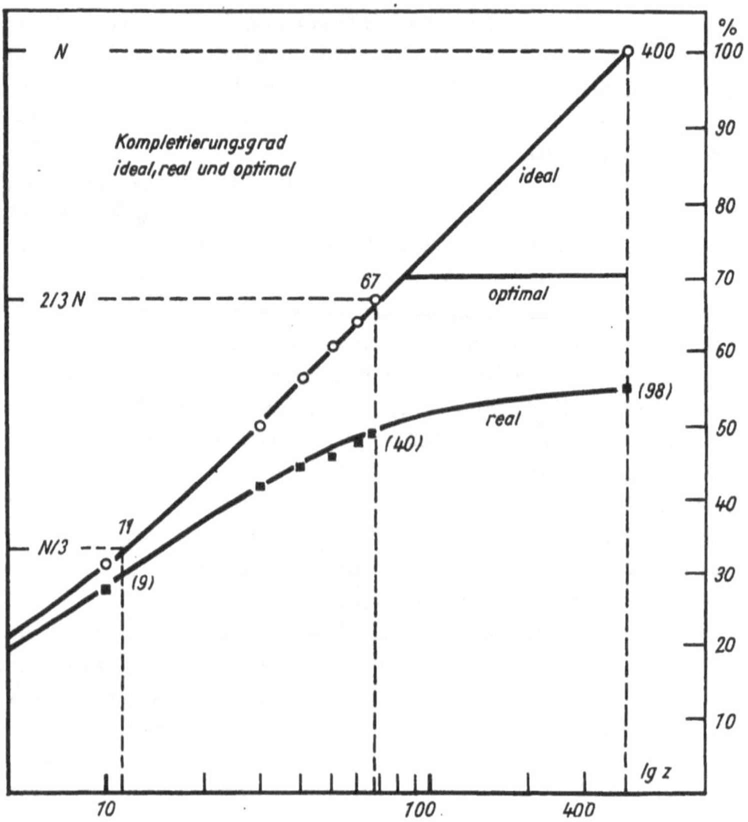

Abb. 31. Optimierung des Zeitschriftenbestandes[87]

87 Die dieser Abbildung zugrundeliegende Untersuchung [194] ergab eine Rangverteilung von Zeitschriften auf dem Gebiet der Kernwissenschaften, an der sich die Regel von S. C. BRADFORD sehr gut verifizieren ließ: ein Drittel aller Informationen ist in 11 Schlüsselzeitschriften, zwei Drittel sind in 67 Schlüsselzeitschriften enthalten und für das restliche Drittel kommen weitere 333 Zeitschriften auf (a ≈ 6). Außerdem bestätigt sich die Aussage, daß etwa die Hälfte aller Zeitschriften nur eine einzige Information aufweist ([40], S. 32). Es waren dies 216 von insgesamt 400 Zeitschriften.

erreichbar. Dies kann bei der Optimierung wesentlich verbessert werden. Demzufolge ist die Kurve der optimalen Komplettierung diejenige, bei welcher die Zeitschriften so umverteilt wurden, daß die optimale Kurve bis zu einem bestimmten Zeitschriftenrang mit der idealen Kurve identisch ist, dann aber nicht weiter ansteigt, weil auf die weiter rechts liegenden Ballastzeitschriften vollständig verzichtet wird. Der Komplettierungsgrad steigt dabei auf 70 %.

9.3. Systemanalyse der wissenschaftlichen Information

Die Erkenntnisse verschiedener Natur- und Gesellschaftswissenschaften über das Wesen der Information, über das Verhalten großer, komplizierter Systeme, die modernen technischen und informationssprachlichen Mittel, die es erlauben, wissenschaftliche Information in ungeheurer Menge und wohldurchdachter Ordnung zu bewahren und darzubieten, bilden wichtige Voraussetzungen dafür, daß in absehbarer Zeit neue Qualitäten bei der Erforschung der Prozesse der wissenschaftlichen Kommunikation erreicht werden.

Die *Systemanalyse der wissenschaftlichen Information* steht auf der Tagesordnung.

Die im WEINBERG-Bericht enthaltenen Empfehlungen für die Einrichtung von „Zentren für Informationsanalyse" sahen vor, daß in diesen Zentren Spezialisten der betreffenden Fachgebiete tätig sein sollten, die die wissenschaftliche Literatur der Gebiete nicht nur referieren und indexieren, sondern so tief analysieren, daß eine Extraktion und Bewertung von Daten vorgenommen werden kann. Zentren dieser Art sind entstanden, internationale Zusammenarbeit ist für viele charakteristisch. Hier sei auf die vier Zentren in Brookhaven (USA), Obninsk (UdSSR), Saclay (Frankreich) und Wien (Österreich, IAEA) für die Informationsanalyse von Neutronendaten hingewiesen. Diese für Kernforschung und nukleare Technologie wichtigen Daten stehen den Wissenschaftlern und Ingenieuren in ähnlicher Weise wie beim INIS zur Verfügung. Aufbau und Nutzung der Datenbasen sind computerorientiert [199].

Ende der sechziger Jahre hat G. M. DOBROV auf die Notwendigkeit verwiesen, ein Forschungslaboratorium für Informationsanalyse im Rahmen wissenschaftswissenschaftlicher Forschungen zu schaffen ([200], S. 112 f.): „Ein besonders wichtiger spezifischer Teil der Forschungsarbeiten auf dem Gebiet der Wissenschaftswissenschaft, die das Laboratorium für Informationsanalyse durchzuführen hätte, müßte in der Ausarbeitung wissenschaftlicher Methoden für die Analyse der Erfahrungen über das Funktionieren wissenschaftlicher Institutionen bestehen."

Im Jahre 1969 äußerten V. V. NALIMOV und Z. M. MUL'ČENKO in „Naukometrija": „Uns scheint, daß es jetzt schon genügend Gründe dafür gibt, die Frage der Einrichtung eines speziellen Informationszentrums für die statistische Erforschung der Wissenschaftsentwicklung aufzuwerfen. Selbstverständlich muß bei der Organisation eines solchen Zentrums eine möglichst breite internationale Zusammenarbeit angestrebt werden. Ohne Kenntnis der Entwicklungsbedingungen der Wissenschaft in den verschiedenen Ländern kann die statistische Analyse eines Materials kaum durchgeführt werden. Solch ein Zentrum kann selbstverständlich nur dann gut arbeiten, wenn es mit moderner Rechentechnik ausgerüstet ist ... Ein Informationszentrum, in dem die Wissenschaftsentwicklung verfolgt wird, gibt die Möglichkeit, schnell die Konsequenzen entwicklungsstrategischer Entscheidungsvarianten der Wissenschaft einzuschätzen" ([102], S. 183f.).

Dieser Vorschlag ist noch nicht verwirklicht. In der Zwischenzeit sind wichtige Erfahrungen hinzugekommen: solche mit den großen rechnergestützten und teilweise internationalen Systemen wissenschaftlicher Information (vgl. Kapitel 8.), aber auch mit der internationalen Zusammenarbeit auf ausgewählten Gebieten – erwähnt seien die speziellen wissenschaftlichen Forschungszentren in Dubna (UdSSR), Warschau (VRP), Halle (DDR) und Wien (Österreich)[88] – sowie mit der Entwicklung der Informatik als Wissenschaftsdisziplin.

Es erscheint daher an der Zeit, den Vorschlag der sowjetischen Wissenschaftler auf neue Weise aufzugreifen und für eine *internationale Einrichtung* zu plädieren, die sich mit der *Systemanalyse der wissenschaftlichen Information* befaßt. Zweifellos werden in Zukunft immer mehr wissenschaftliche Institutionen – Akademien, Universitäten, Industrieforschungseinrichtungen – über eine ganze Palette von Informationsmassiven der großen nationalen und internationalen Systeme verfügen, die sie mittels Computer für die laufende Informationsversorgung ihrer Wissenschaftler und Ingenieure nutzen. Die Erfahrungen belegen, daß die Informationseinrichtungen mit dieser ersten und

88 Vereinigtes Institut für Kernforschung, Dubna, gegründet 1956; Internationales mathematisches Zentrum „Stefan Banach", Warschau, gegründet 1973; Internationales Zentrum für Elektronenmikroskopie, Halle, gegründet 1975; The International Institute for Applied Systems Analysis, Wien, gegründet 1972. Die Aufzählung ist nicht vollständig. Bemerkenswert erscheint, daß bereits 1912 W. OSTWALD die Gründung eines internationalen Instituts für Chemie vorgeschlagen hatte, das seinem Wesen nach vornehmlich ein Informationszentrum für Chemie gewesen wäre, „gemäß dem allgemeinen Prinzip, daß jede Art der Arbeit, die einmal zur Genüge ausgeführt worden ist, als für die Gesamtheit der Wissenschaft getan angesehen werden muß und daß deshalb solche vorhandene Arbeit für alle noch vorkommenden Zwecke der Wissenschaft in Bereitschaft gehalten wird" ([201], S. 25).

wichtigsten Aufgabe *„Information für die Forschung"* so ausgelastet sind, daß für die Lösung von Informatik-Forschungsaufgaben kein Raum bleibt. Andererseits ist in den großen Massiven ein beträchtlicher Schatz an Metainformation verborgen, der in den Routine-Zentren aber weder für die Informatikforschung, noch für die Forschung auf anderen Gebieten genutzt werden kann.

In einem Zentrum für Systemanalyse der wissenschaftlichen Information könnten gerade die umgekehrten Verhältnisse vorherrschen: im Vordergrund steht die *„Forschung für die Information"* und es werden nur solche Spezialrecherchen ausgeführt, für die in den Routine-Zentren die Voraussetzungen fehlen.[89] Die wichtigsten Merkmale eines solchen Zentrums ließen sich wie folgt beschreiben.

Als *Forschungsbasis* des Zentrums dient der *„Weltfundus des Wissens"* in Form einer repräsentativen Auswahl aus den Informationsmassiven großer Systeme, die für die manuelle und bevorzugt für die Computer-Recherche zur Verfügung gehalten werden. Das wären z. B. Massive solcher Systeme wie CAS, ASSISTENT, ISWTI, MEDLARS, AGRIS, INIS, INSPEC, aber auch SCI und weitere. Damit würden diejenigen Wissenschaftsgebiete überdeckt, auf welchen heute weltweit wissenschaftliche Literatur öffentlich zugänglich ist.

An dem Zentrum besteht *Zugriffsmöglichkeit* zu einem *Großrechner.* Geeignete Programmsysteme stellen die Verbindung und Kompatibilität der unterschiedlichen Massive sicher und gestatten auch dem im Umgang mit Rechnern weniger erfahrenen Forscher den Zutritt zu jedem Massiv mit jeder Frage. Software-Spezialisten und Informatiker, welche die Sprachen der Informationssysteme beherrschen, sorgen für das Funktionieren dieser experimentellen Basis.

Die Forschungsprobleme werden vorzugsweise von Gastwissenschaftlern aus den beteiligten Ländern bearbeitet. Dies gewährleistet, daß ständig aktuelle Probleme aus sehr unterschiedlichen Wissenschaftsgebieten an das Zentrum herangetragen und mittels der nur hier beherrschten Methoden untersucht werden können.

Zu den *Forschungsproblemen* gehören solche, die in den Wissenschaftsdisziplinen Informatik, Wissenschaftswissenschaft, Linguistik, . . . Physik, Chemie, Mathematik . . ., und andere, die auf den Randgebieten unterschiedlicher Disziplinen angesiedelt sind und sich als *Metainformationsprobleme* in

89 Das betrifft beispielsweise Recherchen, die in mehreren „Zweiginformationsmassiven" auszuführen sind, weil das entsprechende Gebiet (etwa Energie- oder Umweltforschung) mit seinen Informationen nicht nur in einem Massiv vertreten ist, vgl. Abschnitt 8.5.

den Massiven der Informationssysteme widerspiegeln. Was die Informatik betrifft, so waren für sie die wesentlichen Problemstellungen in der Einleitung dieses Kapitels erwähnt worden: Untersuchung der zeitlichen Entwicklung und Korrelation von Informationsströmen sowie der Informationsverteilungen in den Strömen wissenschaftlicher Information. Eine Aufzählung der potentiellen Forschungsprobleme anderer Disziplinen würde hier zu weit führen.

Als Ergebnisse solcher Forschungen sind vor allem grundlegende Beiträge zu einer Theorie der wissenschaftlichen Kommunikation und damit zur Lösung des Problems der wissenschaftlichen Information zu erwarten. Die in dem Zentrum entwickelten Ideen und Vorschläge, ihre Rückwirkung auf die großen Informationssysteme in der Welt, deren Massive wiederum ständig die Forschungsbasis des Zentrums verändern, werden auf lange Sicht die angestrebte Optimierung des Systems der wissenschaftlichen Kommunikation wirkungsvoll unterstützen.

Die Entwicklung eines solchen Zentrums könnte für den weiteren Weg der Wissenschaft mitbestimmend sein und helfen – um mit J. D. BERNAL zu sprechen –, „die bisher unbekannten Übel zu entdecken, die dann bekämpft und beseitigt werden müssen".

10. Quo vadis, wissenschaftliche Kommunikation?

„‚Not macht erfinderisch'. Denn was ist die Entwicklung eines Bedürfnisses anderes als ein solcher Zustand der Dinge, bei dem es bekanntermaßen nur schlecht ausgehen kann, wenn wir die Änderung der Lage nicht erzwingen? ... Einen Fortschritt kann es nur geben, wenn das Bedürfnis von solcher Art ist, daß für seine Befriedigung ein völlig anderes Herangehen an die Dinge als bisher n o t - w e n d i g ist."
Tadeusz KOTARBIŃSKI[90]

Die Worte des polnischen Wissenschaftlers und international bekannten Vertreters der Praxeologie[91] treffen auch auf die Situation des Systems der wissenschaftlichen Kommunikation zu. Diese erzeugt mit Not-wendigkeit jenes Bedürfnis, dessen Befriedigung in dieser Schrift als Lösung des *Problems der wissenschaftlichen Information* bezeichnet wird.

Dieses Problem ist vergleichbar mit den *globalen Problemen* der Gegenwart, wie der Deckung des Energie- und Rohstoffbedarfs oder der Erhaltung einer sauberen Umwelt für die rapide wachsende Erdbevölkerung. Für solche Probleme ist charakteristisch, daß wesentliche Parameter ein beschleunigtes Wachstum aufweisen: Energie- und Rohstoffbedarf, Umweltgefährdung usf. Beim Problem der wissenschaftlichen Information sind es die Informationsmassive sowie die Anzahl der Wissenschaftler und der kommunikativen Verbindungen.

Wird bedacht, daß die großen Existenzprobleme der Menschheit zu ihrer Lösung aller Potenzen der Wissenschaft bedürfen, die Wissenschaft aber ihre produktive Kraft nur ganz entfalten kann, wenn ihr ein adäquates System der wissenschaftlichen Kommunikation zur Verfügung steht, so folgt hieraus die Unaufschiebbarkeit der Anstrengungen zur Bewältigung des Problems der wissenschaftlichen Information.

90 Nach der russischsprachigen Ausgabe des Buches von T. KOTARBIŃSKI „Traktat o dobrej robocie" ([202], S. 250), Hervorhebung M. B.

91 Praxeologie, allgemeine Theorie des rationalen Handelns (der guten Arbeit), vgl. [203].

Für solche Probleme gilt weiterhin, daß sie an Ländergrenzen nicht haltmachen und daß Empfehlungen, welche die Wissenschaftler ausarbeiten, erst dann voll wirksam werden können, wenn ihre Realisierung im internationalen Rahmen erfolgt. „Daher rückt jetzt die Erforschung dieser Probleme immer mehr in den Mittelpunkt der Aufmerksamkeit sowohl der Wissenschaftler, als auch der verantwortlichen Politiker".[92]

Wenn solcherart die enge Nachbarschaft des Informationsproblems zu den globalen Problemen einzusehen ist, werden auch die Schwierigkeiten besser begreiflich, die seine Lösung verlangsamen und deren tiefste Wurzeln in der Existenz zweier gegensätzlicher Gesellschaftssysteme liegen. Die wissenschaftliche Informationspolitik der sozialistischen Länder berücksichtigt diesen Grundwiderspruch unserer Zeit weitblickend und realistisch: internationale Zusammenarbeit wird gefördert, wo immer sie möglich ist und stellt einen integralen Bestandteil der Entwicklung eigener nationaler Systeme dar. Für die Meisterung des großen Problems der wissenschaftlichen Information gilt analog, was der sowjetische Physiker A. KITAIGORODSKIJ im Hinblick auf die Wissenschaft als Ganzes formuliert hat: „Es fällt schwer, sich den qualitativen Sprung vorzustellen, den der wissenschaftliche Fortschritt vollführen wird, wenn die Welt zu einer Einheit geworden ist. Bis dahin gibt es sicherlich noch genügend zu tun, um Ordnung in unserem eigenen Hause zu schaffen" ([204], S. 58 f.).

Im „eigenen Hause" gibt es Disproportionen zwischen Praxis, Forschung und Lehre auf dem Gebiet der wissenschaftlichen Information. Nach Auffassung des Autors vermag nur eine ausgewogene Entwicklung dieser drei Komponenten die jeweils günstigste Lösung des Problems der wissenschaftlichen Information herbeizuführen.

Die voraussehbare Weiterentwicklung des Systems der wissenschaftlichen Kommunikation ist durch die weitere schnelle Verbreitung technischer Mittel im formalen Teil des Systems und durch die Entstehung leistungsfähiger fach- und quellenbezogener Informationssysteme gekennzeichnet. Der nichtformale Teil, der für die technischen Mittel unzugänglich bleibt, wird weiter vervollkommnet werden. Es ist abzusehen, daß auf allen Gebieten die gezielte Versorgung mit allen wissenschaftlichen Informationen zu einer vorgegebenen Aufgabenstellung möglich wird (Abschnitt 10.1.).

Die Forschung auf dem Gebiet der wissenschaftlichen Information durchläuft gegenwärtig ihr Anfangsstadium und ist noch nicht in der Lage, den

92 Aus der Vorlesung „Globale Probleme und Energie", die P. L. KAPICA 1976 an der Stockholmer Universität gehalten hat. Enthalten in dem Sammelband [1], der in deutscher Sprache als Sonderband der „Beiträge zur Forschungstechnologie" erscheint.

Vorlauf für die weitere Entwicklung zu gewährleisten. Ähnliches trifft auf die bisher vereinzelten Bemühungen um die fundierte Ausbildung von Informationsnutzern zu (Abschnitt 10.2.).

Für den Wissenschaftler als Informationsnutzer und -erzeuger lassen sich neue Verhaltensweisen voraussehen, die es ihm gestatten, sich aktiv in den Prozeß der weiteren Entwicklung einzuschalten und selbst von ihr den größten Nutzen zu erlangen (Abschnitt 10.3.).

10.1. Weiterentwicklung des Systems der wissenschaftlichen Kommunikation

Die beiden *Hauptkomponenten des Systems der wissenschaftlichen Kommunikation,* die nichtformale und die formale, sind auf eigentümliche und noch wenig erforschte Weise über den Wissenschaftler miteinander verkoppelt. Bei der Bearbeitung von Frontproblemen glaubt er häufig, die formale Komponente völlig ignorieren zu können und vertraut auf Gespräche, Seminare, Tagungen und den Austausch von Preprints. In der Tat sind diese „schnellen Kanäle" dem unruhigen Drang des Forschers gut angepaßt. Wenn es für diesen jedoch gilt, die Priorität für die Erzielung eines wissenschaftlichen Ergebnisses oder die Erschließung eines wissenschaftlichen Gebietes zu sichern, dann hat die nichtformale Komponente keine dominierende Bedeutung mehr und der Wissenschaftler greift, nicht selten widerstrebend, zur Feder, um eine Mitteilung, seltener einen Zeitschriftenartikel, noch seltener eine Monographie zu verfassen. Die wissenschaftliche Praxis zeigt, daß diese Tätigkeiten niemals in reiner Form, sondern immer gemischt auftreten.

Die *nichtformale Komponente* widerspiegelt offenbar, wie schon angedeutet, rasch verlaufende Prozesse in der Wissenschaft, während sich erfolgreiches wissenschaftliches Tun, langfristig gesehen, endgültig im formalen Teil des Systems der wissenschaftlichen Kommunikation, seinen Bibliotheken und Informationsmassiven niederschlägt.

Aus dem Wechselverhältnis von Kurzzeit- und Langzeitkomponente resultieren Widersprüche, die bei der Weiterentwicklung des Systems stets neu aufgelöst werden müssen. Die Sternsekunden des Schöpfertums, die eine wissenschaftliche Persönlichkeit ersehnt und durchlebt, wandeln sich vielleicht zu Sternstunden der Menschheit – meist aber sind diese Sekunden der einzige Lohn für hingebungsvolle wissenschaftliche Arbeit. Niemals wird ein erfahrener Leiter, der das Schöpfertum organisiert, dessen Wurzeln und Ziele außer acht lassen, er wird dem nichtformalen wie dem formalen Teil des Systems der wissenschaftlichen Kommunikation gleichermaßen seine Aufmerksamkeit widmen. Der dem Wissenschaftler innewohnende Drang zum effektiven persönlichen Kontakt mit seinen Kollegen wird auch in Zukunft dafür sorgen, daß die Anzahl der Seminare, Kolloquien und Symposien, der regelmäßigen „Schulen" von Wissenschaftlern, der nationalen und internationalen Kongresse weiter zunimmt. Jährlich finden 6000 bis 7000 internationale wissenschaftliche Veranstaltungen statt. Nur ein Teil der dort ausgetauschten Informationen gelangt in Form von Kongreßberichten usw. in den formalen Teil des Systems der wissenschaftlichen Kommunikation. Das hieraus entspringende Informationsdefizit vermögen auch die Informationssysteme, welche ausschließlich Tagungsinformationen gewidmet sind, nicht zu beheben. Die persönlichen Kontakte über die eigene wissenschaftliche Institution hinaus behalten ihre herausragende Bedeutung.

Diese Entwicklung der nichtformalen Komponente wird in steigendem Maße unterstützt durch die modernen Mittel, miteinander in Verbindung zu treten, beispielsweise Düsenflugzeug oder Telefon. Der letztgenannte Kommunikationskanal (in Abbildung 32 symbolisiert er die nichtformale Komponente) ist im Verlaufe von hundert Jahren zu solch technischer Perfektion gelangt, daß im Prinzip alle Fachkollegen eines wissenschaftlichen Gebietes miteinander in Verbindung treten könnten, unabhängig davon, in welchem Gebiet der Erde sie arbeiten. Nichts ist ungewöhnlich an der Vorstellung, daß zu den bibliographischen Angaben einer wissenschafltichen Information auch die Telefonnummer des Autors gehört.[93] Im selben Maße, wie heute schon überbrückbare und auch gegenwärtig noch notwendige Barrieren abgebaut werden können, die dem wissenschaftlichen Telefonat entgegenstehen (technische Unzuverlässigkeit, hohe Kosten, mangelnde Sprachkenntnis, Belange der Vertraulichkeit), wird die Bedeutung dieses Kanals zunehmen, ohne daß dabei eine Belastung oder Störung der Arbeit des Wissenschaftlers befürchtet zu werden braucht.

Die Abbildung 33 demonstriert, daß die Erprobung von neuen Kommunikationsformen, mit deren Hilfe sich internationale kollektive Forschungen wirkungsvoll unterstützen lassen, bereits eingesetzt hat.[94]

Denkbar, aber noch nicht bewiesen ist, daß eine derartige Vervollkommnung der „schnellen kommunikativen Komponente" der Wissenschaft auch

93 G. T. SEABORG und D. M. WILKES bemerkten bei der Schilderung neuer Kommunikationsformen in „Education and the Atom" u. a.: "The most striking examples of personal exchange are perhaps the informal (nichtformalen, M. B.) 'telephone societies' which have developed among scientists working in rapidly moving fields such as high energy physics" ([205], S. 95).

94 Die Abbildung 33 entstammt der Arbeit [206], die kurz vor der Drucklegung dieser Schrift erschien. Für die freundliche Genehmigung zur Wiedergabe dieser Abbildung dankt der Autor Prof. Dr. G. M. DOBROV. Die Gegenüberstellung der Abbildungen 32 und 33 zeigt, wie gering die Chancen für die Phantasie sind, den Entwicklungen im System der wissenschaftlichen Kommunikation lange Zeit vorauszueilen.

Abb. 32. Die Vielfalt der Kommunikationskanäle nimmt zu

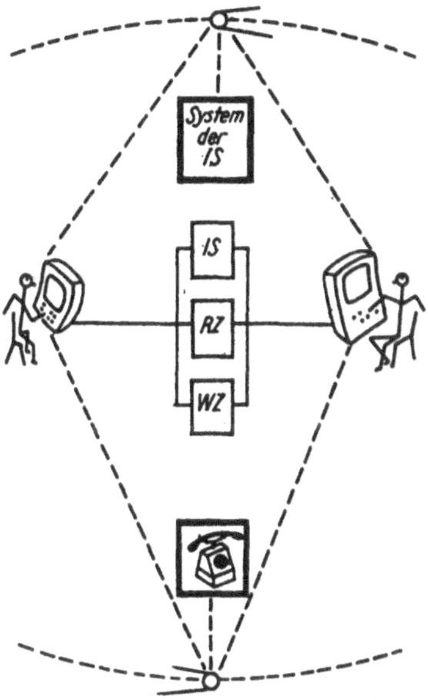

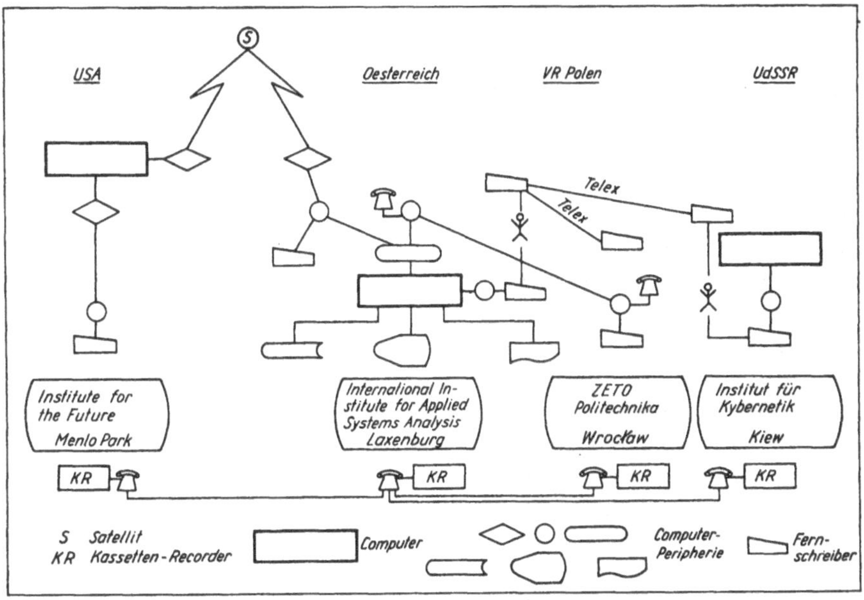

Abb. 33. Neue Kommunikationsformen zur Unterstützung internationaler kollektiver Forschungen (nach [206])

zu einer Entlastung des formalen Teils des Systems der wissenschaftlichen Kommunikation führt, dann nämlich, wenn beabsichtigte Publikationen gar nicht zustande kommen, weil sie durch das wissenschaftliche Telefonat oder persönliche Kontakte gegenstandslos geworden sind. Dieser „Kanal" hat aus der Sicht dessen, was in Abschnitt 3.1. über das persönliche Gespräch als effektivste Form wissenschaftlicher Kommunikation gesagt worden ist, auch prinzipielle Bedeutung: Durch ihn wird auf höherer Stufe jener wünschenswerte Zustand wiederhergestellt, wie er vor dem Aufkommen der wissenschaftlichen Zeitschriften, Referateblätter und Informationssysteme bestanden hat.

Auch für den *formalen Teil* des Systems der wissenschaftlichen Kommunikation läßt sich eine zunehmende Vielfalt der Kanäle voraussehen. Diese Aussage vorwegzunehmen erscheint nützlich, weil das „bevorstehende Sterben der wissenschaftlichen Zeitschrift" [207] oder gar das völlige „Verschwinden des Papiers aus der wissenschaftlichen Kommunikation" [208] und die Übernahme seiner Funktion durch rechnergestützte Systeme häufig ernsthaft diskutiert werden. Aber *zum gedruckten Wort,* zur wissenschaftlichen Zeitschrift gibt es gegenwärtig *keine Alternative!*

Viel wahrscheinlicher ist es, daß die Anzahl von *Review-Zeitschriften* oder Review-Schriftenreihen zunimmt, in denen hervorragende Wissenschaftler zusammenfassende, bewertende Darstellungen ihres Gebietes geben. Der einzelne Wissenschaftler wird dadurch der Notwendigkeit enthoben, die gesamte wissenschaftliche Literatur seines Gebietes selbst zu lesen – ohnehin zumeist ein hoffnungsloses Unterfangen. Allerdings sollten zwei Voraussetzungen zukünftig besser erfüllt werden: die Review-Autoren müssen alle benötigten wissenschaftlichen Informationen, ohne selbst recherchieren zu brauchen, aus einem Informationssystem erhalten und ihre Tätigkeit muß als erstrangige wissenschaftliche Tätigkeit anerkannt werden. H. KLARE, Präsident der Akademie der Wissenschaften der DDR, wies eindrücklich darauf hin, daß hervorragende wissenschaftliche Leistungen auch in Form von Review-Artikeln und Monographien in Erscheinung treten können [209].

Aus dem Dargelegten folgt, daß eine zunehmende Anzahl von Review-Zeitschriften die Existenz der „normalen" wissenschaftlichen Zeitschriften weiterhin voraussetzt – analog dazu, wie die Schlüsselzeitschriften eines Gebietes ihre Vorrangposition der riesigen Mehrheit der Nicht-Schlüsselzeitschriften verdanken. Eine Reduzierung der Zeitschriftenarten auf Review-Zeitschriften wird es nicht geben.

Das wichtigste und herausragende Merkmal der künftigen Entwicklung ist die weitere *beschleunigte Zunahme von Umfang und Verflechtung der Informationsmassive.* Diese Entwicklung macht die Lösung des Problems der wissenschaftlichen Information zu einer unaufschiebbaren Aufgabe. In dieser Schrift wurden Ansätze hierzu dargelegt. Sie lassen sich wie folgt zusammenfassen.

Die gegenwärtigen technischen Möglichkeiten einer syntaktischen Beherrschung der Informationslawine geben zu Optimismus Anlaß. Etwas von diesem Optimismus ist in Abbildung 32 sichtbar. Noch schnellere Computer, noch größere Speicher werden entstehen und einfacher Zugriff zu ihnen sowie die Informationsübertragung von Kontinent zu Kontinent werden zum wissenschaftlichen Alltag gehören.

Aber das „System der Informationssysteme" in Abbildung 32 darf nicht als ein Supersystem verstanden werden, das an einer einzigen Stelle, in einem einzigen Speicher, möglichst in einer einzigen Informationssprache alle nur denkbaren Informationen aufbewahrt. Solch ein System wird es aller Voraussicht nach nicht geben. Es wäre weder notwendig noch zweckmäßig.

Die Entwicklung tendiert vielmehr zu *Zweiginformationssystemen,* welche die gesamte Information eines Wissenschaftsgebietes bewahren (vgl. Kapitel 8.). Auch das bekannte UNISIST-Programm[95] oder das ISWTI sind Rahmenkonzepte, welche die proportionale Entwicklung von Zweiginformationssystemen vorsehen und deren Verbindung und Kompatibilität fördern sollen [210].

Informationszentren werden sich zur Informationsversorgung ihrer jeweiligen Nutzer auf eine Vielzahl von zweig- und quellenorientierten Systemen stützen, deren Massive sie erwerben und nutzen, so, wie heute Bibliotheken Bücher und Zeitschriften zur Verfügung halten.

Weitere internationale *Systeme vom INIS-Typ* werden entstehen und zunehmend die Entwicklung beeinflussen. Bei der „Food and Agriculture Organization" FAO der Organisation der Vereinten Nationen befindet sich nach INIS-Vorbild das System AGRIS[96] im Aufbau [211].

Aus der technischen Beherrschbarkeit riesiger Mengen von (syntaktischer) Information folgt noch nicht deren forschungstechnologische Beherrschung oder gar die Lösung des Problems der wissenschaftlichen Information. Sie trägt zunächst und vor allem dazu bei, das Zurückbleiben der Wissenschafts- und Informatikforschung hinter den real verlaufenden Wissenschafts- und wissenschaftskommunikativen Prozessen offenkundig zu machen – dies in einer Zeit, da ein Vorlauf dieser Forschungen immer dringender wird! Von der forschungstechnologischen Beherrschung der Informationslawine kann

95 UNISIST – Universal System for Information in Science and Technology.

96 AGRIS – International Information System for the Agricultural Sciences and Technology.

erst dann gesprochen werden, wenn auch die rechtzeitige Überführung von Ergebnissen der Wissenschafts- und Informatikforschung in die wissenschaftliche Informationspraxis beherrscht wird!

Die Darlegungen dieser Schrift sollten verdeutlichen, daß die gegenwärtige Entwicklung des Systems der wissenschaftlichen Kommunikation, gekennzeichnet durch das Anwachsen seines Umfangs, seiner Vielfalt und Kompliziertheit, selbst die Bedingungen erzeugt hat, die für seine Erforschung notwendig sind. Dabei gilt: Je umfassender der integrierende Rahmen ist, in dem sich die Informationssysteme entwickeln – im nationalen, RGW- oder weltweiten Maßstab –, desto ergiebiger ist die Forschungsbasis, welche durch die Informationsmassive dieser Systeme gebildet wird.

Die Ergebnisse der Wissenschafts- und Informatikforschung werden nicht nur benötigt, um das System selbst optimal weiterentwickeln zu können, sondern auch, um den Ausbildungsprogrammen für Informatiker, Informationsfachkräfte und für die Nutzer des Systems die unabdingbaren Impulse verleihen zu können.

10.2. Forschung und Lehre auf dem Gebiet der Informatik

Die Informatik muß das *System der wissenschaftlichen Kommunikation als ganzheitliches System* untersuchen [213]. Das impliziert selbstverständlich die getrennte Erforschung der einzelnen Bestandteile. So sind die Eigenschaften der wissenschaftlichen Information ebenso Forschungsgegenstand wie deren Verhalten in den Kommunikationskanälen. Erscheinungen wie das im vorigen Abschnitt dargelegte ständige Hervortreten neuer Kommunikationskanäle (vgl. [185, 212]) lassen sich nur begreifen, wenn vom ganzheitlichen Charakter des Systems ausgegangen wird.

Aktuelle Fragen der Informatikforschung und ein Kreis von Fragen, welche noch auf lange Sicht Informatik und andere Disziplinen beschäftigen werden, sind in den Kapiteln 7. und 9. dargestellt worden. Eine Vielzahl von Problemen, die der *Systemanalyse der wissenschaftlichen Information* bedürfen, läßt sich vermutlich nicht mehr länger am Rande der täglichen wissenschaftlichen Informationspraxis bearbeiten. Daher wird an dieser Stelle der Vorschlag zur Bildung eines internationalen Zentrums für Systemanalyse der wissenschaftlichen Information (vgl. Abschnitt 9.3.) nochmals hervorgehoben.

Im Prozeß der Systemanalyse, die auf der Basis großer Informationsmassive und mittels entwickelter Informationsverarbeitungstechnik erfolgt, wird die Informatik mit hoher Wahrscheinlichkeit auch das eigenständige methodische Instrumentarium hervorbringen, dessen jede wissenschaftliche Disziplin bedarf.

Der Bestand an Dissertationen ist ein empfindlicher Gradmesser für die Entwicklung der Forschungstätigkeit. Auf dem Gebiet der Informatik wird dieser Bestand in der Sowjetunion im Jahre 1980 schätzungsweise [81] einen Wert von 800 erreichen (1965: fünf Dissertationen). Eine derartig breite Entwicklung ist eine gute Voraussetzung für die Heranbildung befähigter Wissenschaftler, die bei der Vervollkommnung des Systems der wissenschaftlichen Kommunikation und der Ausbildung von Informationsfachkräften sowie bei der Aus- und Weiterbildung von Wissenschaftlern wirksam werden können. In der DDR kann von einer koordinierten Informatikforschung noch nicht gesprochen werden.

Ungelöst ist auch das Problem der systematischen Übermittlung des aktuellen Erkenntnisstandes an die Studierenden und an die Zehntausende von Wissenschaftlern, die bereits ihren Beruf ausüben.[97] Das ist ein paradoxer Zustand, denn es handelt sich um Wissen, das der Forscher und Ingenieur tagtäglich benötigt und das seine Tätigkeit in erheblichem Maße zu intensivieren vermag. Es ist die Überzeugung des Autors, daß die Vermittlung der *„Grundlagen der wissenschaftlichen Kommunikation"* unverzichtbarer *Bestandteil der Hochschulausbildung* werden muß.[98] Je schneller dies erreicht wird, desto besser. Die international vorliegenden Erfahrungen können helfen, den gegenwärtig noch bestehenden Mangel an geeigneten Lehrbüchern und Hochschullehrern zu beseitigen.

10.3. Auswirkung der gegenwärtigen Entwicklung auf den Wissenschaftler. Neue Verhaltensweisen im Umgang mit wissenschaftlicher Information

Den Wissenschaftler gibt es nicht. Das Verhalten eines Wissenschaftlers im System der wissenschaftlichen Kommunikation, von dem er selbst ein Teil ist, wird von vielen Faktoren beeinflußt. Diese sind beispielsweise: das Wissenschaftsgebiet, auf welchem er arbeitet, sein Wissen und seine Erfahrung, welche er sich angeeignet hat, die wissenschaftliche Umgebung, in welcher er sich bewegt, seine Stellung in der Leitungshierarchie und nicht zuletzt seine Charakterzüge, welche ihn als wissenschaftliche Persönlichkeit prägen.

97 Die Behandlung von Fragen eines Informatik-Direktstudiums und der Aus- und Weiterbildung der im System der wissenschaftlichen Kommunikation tätigen Fachleute gehört nicht zu den Anliegen dieser Schrift. Diese Fragen sind entweder in der Diskussion oder bereits befriedigend gelöst.

98 Die an der Moskauer Staatlichen LOMONOSOV-Universität eingerichtete Vorlesung „Grundlagen der Informatik, des Bibliothekswesens und der Bibliographie" gehört zum obligatorischen Ausbildungsprogramm für alle Fachrichtungen [80].

Dennoch haben sich in der Wissenschaft *Verhaltensnormen* herausgebildet, die für jeden Wissenschaftler Gültigkeit besitzen. Solche Normen gibt es auch für das Informationsverhalten, für den *Umgang mit wissenschaftlicher Information.* Allerdings scheinen manche Normen, nicht zuletzt unter dem Eindruck der Informationslawine, brüchig und anfechtbar geworden zu sein. Was ist die erste Regel der Wissenschaftsredlichkeit, sich vor Inangriffnahme einer wissenschaftlichen Arbeit mit der gesamten existierenden wissenschaftlichen Information vertraut zu machen, noch wert, wenn sie objektiv nicht mehr eingehalten und ihre Einhaltung auch nicht mehr nachgeprüft werden kann?

Mit der Frage „Welche Auswirkungen wird die jetzt sichtbare Entwicklung des Systems der wissenschaftlichen Kommunikation für die Verhaltensweisen der Wissenschaftler haben?" verbindet sich deren Hoffnung, aus den zu Beginn der Schrift geschilderten moralischen Konflikten herauszukommen, in die sie durch das scheinbar chaotische Anwachsen der wissenschaftlichen Literatur gestürzt worden sind.

Selbstverständlich muß jeder einzelne Wissenschaftler die Frage, welche Folgen die gegenwärtige Entwicklung für ihn persönlich hat, eingedenk der oben skizzierten Faktoren selbst entscheiden. Für alle Wissenschaftler aber gilt, daß es zukünftig moralische Konflikte, deren Wurzeln in der Unübersehbarkeit der wissenschaftlichen Information liegen, nicht mehr zu geben braucht, weil mit hoher Wahrscheinlichkeit das erklärte Ziel der angestrengten Bemühungen um die Lösung des Informationsproblems erreicht werden wird:

> *Es wird möglich werden, daß jeder Wissenschaftler sämtliche benötigten wissenschaftlichen Informationen erhält.*

Das bedeutet die Erreichung einer neuen Qualität in der Versorgung mit wissenschaftlicher Information. Zugleich ist es eine Voraussetzung für den Übergang der Wissenschaft von der extensiven in die intensive Entwicklungsphase.[99] Dadurch kann auch die erste Regel der wissenschaftlichen Redlichkeit unumstößliches moralisches Gesetz in der Wissenschaft bleiben.[100]

99 Die neue Qualität in der Informationsversorgung geht weit über einen bloßen Rationalisierungseffekt hinaus, der darin besteht, daß dem Wissenschaftler Routine-Suchprozesse abgenommen werden und er mehr Zeit für wissenschaftlich-schöpferisches Arbeiten erlangt. Erfahrungsgemäß wird nicht ein Arbeitszeitgewinn als das Wesentliche empfunden, sondern die Befreiung aus der schon erwähnten Konfliktsituation, in der es aussichtslos erscheint, vollständig informiert zu sein. In diesem Konflikt wehrt sich der Wissenschaftler beständig dagegen, in eine Haltung gedrängt zu werden, die mit „Was ich nicht weiß, macht mich nicht heiß!" charakterisiert werden kann.

100 Die Gefahr einer „Wissenschaftskriminalität" [214], die aus mangelnder Informiertheit erwächst, wird es dann nicht geben.

Allerdings werden zu den schon bestehenden Verhaltensweisen im Umgang mit wissenschaftlicher Information einige neue hinzutreten müssen. Das ist vergleichbar mit dem Umstand, daß neue Formen im System der wissenschaftlichen Kommunikation die alten Formen nicht verdrängen.

Es erscheint zweckmäßig, die *neuen Verhaltensweisen* getrennt für den Wissenschaftler als Nutzer und Autor wissenschaftlicher Information zu skizzieren.

Der *Wissenschaftler als Informationsnutzer* wird sich um ständigen Überblick über die Informationssysteme, -dienste und -mittel seines Fachgebietes und um eine gute Kenntnis von deren Prinzipien und Leistungsfähigkeit bemühen müssen. Er soll sich bei automatisierten Systemen wissenschaftlicher Information mit deren Informationssprache vertraut machen, unterstützt von seiner Informationseinrichtung sein persönliches Aufgabenprofil formulieren und an der Selektiven Informationsverbreitung teilnehmen (Abschnitt 7.2.). Die einer zu engen Spezialisierung entgegenwirkende Mitverfolgung von Nachbargebieten und -disziplinen wird bei Vorhandensein einer SIV zur selbstverständlichen Verhaltensnorm werden.

Die große Aussagekraft rechnerproduzierter Register wird der manuellen Recherche steigende Bedeutung verleihen, der Wissenschaftler muß die Kunst pflegen, mit diesen Registern umzugehen (Abschnitte 7.1. und 8.3.).

Schließlich sollte der Wissenschaftler mit Hilfe seiner Informationseinrichtung sorgfältig die für sein Aufgabengebiet zutreffenden Schlüsselzeitschriften bestimmen (Abschnitt 9.2.).[101]

Diese notwendigen Verhaltensweisen werden zunehmend praktizierbar. Ihre Durchsetzung in der Wissenschaft ist nur eine Frage der Zeit. Allerdings wird die „vollständige Informiertheit" – der Autor ist versucht zu sagen die „selektive Informationslawine" – nun neue Probleme erzeugen: Wie kann die Menge der notwendigen Informationen überhaupt gelesen, analysiert, bewertet werden? Ist die Aufgabenstellung für ein vorgegebenes Kollektiv nicht zu breit, ist eine weitere Spezialisierung notwendig, ja möglich? Genügt das Potential an Wissenschaftlern für eine vorgegebene Aufgabenstellung? usf. Es ist offensichtlich, daß die Bewältigung dieser Probleme nicht von Informatik und wissenschaftlicher Informationstätigkeit erwartet

101 Einige „alte" Regeln seien kurz erwähnt. Einmal ist es der Ratschlag, den Aufwand für eine eigene Kartei nicht zu scheuen (Abschnitt 6.2.), auch wenn die Kartei von Zeit zu Zeit neu angelegt werden muß. Zum anderen ist es die beinahe selbstverständliche Empfehlung, die dominierenden Sprachen seines Fachgebietes zu beherrschen. Mit guten Russischkenntnissen ist der Wissenschaftler beispielsweise in der Lage, sich die Leistungen des größten Informationssystems der Welt, des Referativnyj Žurnal des VINITI zu erschließen.

werden darf. Das illustriert die zu Anfang dieser Schrift formulierte These, daß das Problem der wissenschaftlichen Information kein ausschließliches Mengenproblem ist, daß seine Lösung vielmehr Wandlungen sowohl im System der wissenschaftlichen Kommunikation als auch im Wissenschaftsorganismus erfordert.

Der *Wissenschaftler als Informationsproduzent* wird gleichfalls neue Regeln zu beherzigen haben, die insgesamt bewirken, daß er seine Verantwortung im System der wissenschaftlichen Kommunikation bewußt wahrzunehmen vermag.

Ein Hinweis von A. M. WEINBERG, wonach sich jeder wissenschaftliche Autor „stärker verantwortlich fühlen" soll „im Hinblick auf das spätere Wiederauffinden seiner Publikationen" (Abschnitt 2.2.), damit seine Arbeit von anderen leichter indexiert, referiert und auf neue Daten hin überprüft werden kann, ist zu erweitern: Der Autor muß selbst mit dafür sorgen, daß seine Arbeiten auch gelesen werden.

Dies erfordert Kenntnis aller Kommunikationskanäle, ihrer Prinzipien und Wirkungsweise. Solche Kenntnis erleichtert die Entscheidung darüber, ob die Form des Preprints, des Letters, eines Zeitschriftenartikels oder einer Monographie die angemessene Ausdrucksform für das Anliegen des Autors ist.

Nach wie vor gelten selbstverständlich solche Regeln, welche sich auf die Qualität einer Publikation richten;[102] dabei gibt es wichtige Akzentuierungen. So erwächst aus der Existenz und Bedeutung von SCI-Systemen (Abschnitt 7.2.) jedem wissenschaftlichen Autor die Verpflichtung, besonderes Augenmerk der „Sprache" seiner Zitierungen zu schenken.[103]

Eindringlich werden erfahrene Wissenschaftler und Autoren an ihre Pflicht gemahnt, zusammenfassende Darstellungen ihres Gebietes zu geben, damit eine wachsende Review-Literatur die Integrationsprozesse in der Wissenschaft und auch im System der wissenschaftlichen Kommunikation in der notwendigen Weise fördern kann (Abschnitt 10.1.).

102 Der Autor soll es seinem Leser leicht machen nachzuvollziehen, was er selbst bei der informationellen Vorbereitung, bei der Durchführung der Experimente und bei der gedanklichen Aufbereitung der Resultate geleistet hat.
Dem zuweilen auftauchenden Ratschlag, einer „Umweltverschmutzung" durch wissenschaftliche Literatur dadurch zu begegnen, daß lieber weniger, aber dafür nur Gutes publiziert werden solle, kann so nicht zugestimmt werden. Publizieren ist eine Kunst, die nur durch Publizieren erlernbar ist. Zu wünschen ist nur, daß unter dem Einfluß guter Beispiele jeder Autor seine publizistische Lehre rasch absolvieren kann.

103 Der erfahrene Leser erkennt schon am Literaturverzeichnis, wie weit des Autors Gesichtskreis reicht, ob er flüchtig, „Zitiere Deinen Nächsten wie Dich selbst!" [214], oder tiefgründig, „Lies vorher, was Du zitierst!", gearbeitet hat, wo die eigenen Ideen stecken usf.

Die gegenwärtigen Veränderungen im System der wissenschaftlichen Kommunikation selbst sind es, die diesen Kodex neuer und keineswegs trivialer Regeln der Informationsethik hervorbringen. Informationsethisches Verhalten ist komplizierter aber auch zwingender geworden als zu Zeiten der „Kleinen Information".

Gewiß wäre nun vorstellbar, daß solches Verhalten eines Tages ebenfalls mittels moderner technischer Mittel kontrolliert würde: etwa durch obligatorisches Recherchieren in großen Massiven vor Inangriffnahme einer wissenschaftlichen Arbeit, bei gleichzeitiger Bewertung der nachgewiesenen Literatur – vielleicht als Rangfolge nach der Zitierhäufigkeit – umgekehrt durch Prüfen einer Publikation vor der Aufnahme in ein automatisiertes Informationssystem – vielleicht auf das Vorhandensein der wichtigsten Arbeiten im Literaturverzeichnis hin – usw.

Einfacher, wirkungsvoller und der Würde des Wissenschaftlers besser entsprechend ist es jedoch, wenn er einen geringen Teil seiner Zeit dafür verwendet, seinen Platz im System der wissenschaftlichen Kommunikation selbst zu finden. Mit guten Kenntnissen über die vorhandenen und einem ständigen Interesse für die entstehenden Formen wissenschaftlicher Kommunikation wird er der Vervollkommnung seiner Technologie des Forschens, seiner wissenschaftlich-schöpferischen Arbeit am besten dienen.

11. Abkürzungsverzeichnis

AIDOS	Automatisiertes Informations- und Dokumentationssystem
ASSISTENT	Avtomatizirovannaja Spravočno-Informacionnaja Sistema po Nauke i Technike
CA	Chemical Abstracts
CAS	Chemical Abstracts Service
INIS	International Nuclear Information System
INSPEC	Information Service in Physics, Electrotechnology and Control
ISWTI	Internationales System der wissenschaftlich-technischen Information
MEDLARS	Medical Literature Analysis and Retrieval System
RŽ	Referativnyj Žurnal
SCI	Science Citation Index
SIV	Selektive Informationsverbreitung
SPRESI	Speicherung und Recherche strukturchemischer Informationen
VINITI	Vsesojuznyj Institut Naučnoj i Techničeskoj Informacii
ZIID	Zentralinstitut für Information und Dokumentation

12. Abbildungsverzeichnis

Abb. 1	Die Physiker A. F. IOFFE und M. V. LAUE im Gespräch während der Jahrestagung und Theoretikerkonferenz der Physikalischen Gesellschaft der DDR, Leipzig 1958	20
Abb. 2	Titelseite der ersten Nummer der ersten wissenschaftlichen Zeitschrift der Welt	22
Abb. 3	Titelseite einer der ältesten Sekundärzeitschriften	24
Abb. 4	Entwicklung des Systems der wissenschaftlichen Kommunikation	25
Abb. 5	Zunahme der Anzahl kommunikativer Verbindungen. Drei Teilnehmer – drei Verbindungen, 30 Teilnehmer – 435 Verbindungen	27
Abb. 6	Entwicklung der Anzahl der Publikationen auf dem Gebiet der Theorie der Determinanten und Matrizen im Zeitraum 1740–1949 (aus [98])	35
Abb. 7	Entwicklung der Anzahl der Publikationen auf dem Gebiet der biologischen Ultrastrukturforschung im Zeitraum 1940–1970 (nach [43], S. 81)	36
Abb. 8	Anzahl der bekannten chemischen Elemente als Funktion der Zeit. Nach den Arbeiten von DAVY existiert eine klare logistische Abhängigkeit, gefolgt von einer Reihe von Eskalationen, welche vorwiegend physikalischen Theorien entsprechen. Um 1950 ist die jüngste Eskalation entsprechend der Erzeugung der Transuranelemente zu verzeichnen. Abbildung und Text aus [46], S. 29	37
Abb. 9	Entwicklung der Anzahl der Referate in dem seit 1907 bestehenden Referateorgan „Chemical Abstracts". Für die erste Million Referate wurden 32 Jahre benötigt, für die nächsten Millionen entsprechend 18, 8, 4,7 und 3,3 Jahre [99]. 1975 erreichte die Anzahl 6,4 Millionen [100]	38
Abb. 10	Kopplung von Elementarsystemen	49

Abb. 11	Beispiel einer Kopplung zweier Elementarsysteme	49
Abb. 12	Schema einer informationellen Kopplung (nach [120], S. 284)	55
Abb. 13	Binäre Codierung von 8 Zeichen gleicher Häufigkeit	58
Abb. 14	Binäre Codierung von 8 Zeichen unterschiedlicher Häufigkeit	60
Abb. 15	Informationsbedarf, ausgedrückt durch ein Informationsmassiv. N_1 junge Wissenschaftler, N_2 erfahrene Wissenschaftler, N_3 Abteilungsleiter, N_4 Institutsdirektoren; I_1 Monographien, fundamentale Zeitschriftenartikel und Forschungsberichte, I_2 Zeitschriftenartikel, Forschungsberichte, I_3 Übersichtsarbeiten, I_4 Leitungsdokumente (nach [10], S. 59)	71
Abb. 16	Zur Struktur der Dezimalklassifikation (Beispiel aus [104])	73
Abb. 17	Ausschnitte aus dem INIS-Thesaurus	75
Abb. 18	Informationsmassiv: neun Abbildungen von Kunstwerken	80
Abb. 19	Direkte Speicherung	82
Abb. 20	Inverse Speicherung	82
Abb. 21	Fragen und Wiederauffinden	82
Abb. 22	Bibliographische Angaben, Referat und Strukturbilder zu einer chemischen Arbeit, aus dem Informationsmittel „Organische Chemie"	112
Abb. 23	Entfaltete Information zur Arbeit der Abbildung 22 im Informationsmittel „Organische Chemie". a) Summenformeln, Registriernummern, Verbindungsnamen und Sachverhaltsverschlüsselungen im Formelregister b) Trivialnamen im Trivialnamenregister c) Heteroverbindungen im Heteroatomregister d) Ringcodierungen, Summenformeln und Registriernummern im Ringregister	113
Abb. 24	Zeitschriften-Rangfolge (aus [194], vgl. auch Abschnitt 9.2.)	

	N_z (Z_z^*) Anzahl von Artikeln des Fachgebietes in der Zeitschrift mit dem Rang z. z = 1, ..., n. Z_1^* Zeitschrift mit dem niedrigsten Rang, Z_n^* Zeitschrift mit dem höchsten Rang	129
Abb. 25	Arbeitsspeicher für Koinzidenzen N_{rs} zwischen Profilen P_r und Zeitschriften Z_s (aus [194])	133
Abb. 26	Mit Koinzidenzereignissen gefüllter Arbeitsspeicher (aus [194])	134
Abb. 27	Verteilung der Informationen der Zeitschrift Z_s über alle Profile (aus [194])	135
Abb. 28	Verteilung der Informationen aus allen Zeitschriften über alle Profile (aus [194])	135
Abb. 29	Informationen aller Zeitschriften zu einem Profil P_r (aus [194])	136
Abb. 30	Verteilung aller Informationen über alle Zeitschriften (aus [194])	136
Abb. 31	Optimierung des Zeitschriftenbestandes	138
Abb. 32	Die Vielfalt der Kommunikationskanäle nimmt zu	147
Abb. 33	Neue Kommunikationsformen zur Unterstützung internationaler kollektiver Forschungen (nach [206])	147

Bildnachweis

Abbildung 1: Zentrales Archiv der Akademie der Wissenschaften der DDR;
Abbildung 18: E. A. Seemann Verlag, Leipzig.

13. Tabellenverzeichnis

Tabelle 1	Spezifische Eigenschaften der wissenschaftlichen Information (nach [30], S. 93)	65
Tabelle 2	Große rechnergestützte Systeme wissenschaftlicher Information	100
Tabelle 3	Informationsmittel verschiedener Länder auf dem Gebiet der Chemie (aus [10], S. 75; siehe auch [172])	102
Tabelle 4	Internationale Spezialisierte Informationssysteme als Teilsysteme des Internationalen Systems der wissenschaftlich-technischen Information	120
Tabelle 5	Internationale Zweiginformationssysteme als Teilsysteme des Internationalen Systems der wissenschaftlich-technischen Information	121
Tabelle 6	Rangverteilungen in unterschiedlichen Gebieten	128

Übersicht 1	Zusammenwirken von Information, Kybernetik und Wissenschaftswissenschaft bei der Lösung des Problems der wissenschaftlichen Information. I Informatik, K Kybernetik, W Wissenschaftswissenschaft. Die Zahlen in Klammern geben die Kapitel an, in denen die entsprechenden Begriffe und Probleme vorkommen	17
Übersicht 2	Das Spektrum der Wissenschaftsdisziplin Informatik. Ausschnitt aus dem Rubrikator des RŽI [90]	31
Übersicht 3	Größen zur Beschreibung der Kopplung von Elementarsystemen	52
Übersicht 4	Einfachste Elementarsysteme (Blackboxes) und ihr Verhalten	53
Übersicht 5	Zusammenhang zwischen der Anzahl der Binärschritte und Anzahl der erreichbaren Zeichen	57

14. Übersetzung der Begriffsbestimmung Informatik aus dem Russischen

I n f o r m a t i k – eine wissenschaftliche Disziplin, die die Struktur und die allgemeinen Eigenschaften der *wissenschaftlichen Information,* aber auch die Gesetzmäßigkeiten aller Prozesse der wissenschaftlichen Kommunikation untersucht – von den nichtformalen Prozessen des Austauschs wissenschaftlicher Information im unmittelbaren mündlichen und Briefverkehr von Wissenschaftlern und Spezialisten bis zu den formalen Prozessen des Austauschs auf dem Wege der wissenschaftlichen Literatur. Ein bedeutender Teil dieser Prozesse ist die *wissenschaftliche Informationstätigkeit,* die sich mit der Erfassung, analytisch-synthetischen Bearbeitung, Speicherung, Suche und Verbreitung wissenschaftlicher Information befaßt.

Untersuchungsobjekt der I. ist nicht der Inhalt der konkreten wissenschaftlichen Informationstätigkeit, mit der sich die Spezialisten der entsprechenden Zweige von Wissenschaft und Technik befassen müssen. Sie untersucht die inneren Mechanismen des Referierens von Dokumenten in natürlichen Sprachen, arbeitet dafür allgemeine Methoden aus, beschäftigt sich aber nicht mit dem praktischen Referieren *wissenschaftlicher Dokumente* in den konkreten Zweigen von Wissenschaft und Technik.

Die Grundlage für die I.-Forschung ist der dialektische und historische Materialismus. Bei der Untersuchung spezieller Probleme wendet die I. einzelne Methoden an, die von anderen wissenschaftlichen Disziplinen benutzt werden. Manchmal betrachtet man die I. als Teilgebiet der *Kybernetik* und nimmt an, daß zur letzteren die Probleme der Automatisierung der Informationsversorgung, des Übersetzens und Referierens wissenschaftlich-technischer Literatur, die Entwicklung von *Informationsrecherchesystemen* und *informationslogischen Systemen* und andere Aufgaben gehören. Dagegen überschreitet eine Reihe von Problemen, die von der Informatik gelöst werden müssen (Optimierung des Systems der wissenschaftlichen Kommunikation, Struktur des wissenschaftlichen Dokuments, Erhöhung der Effektivität wissenschaftlicher Forschung durch Anwendung von wissenschaftlichen Informationsmitteln usw.) die Grenzen der Kybernetik. In der I. werden auch in weitem Maße die Methoden der *Semiotik* angewandt, die manchmal als theoretisches Fundament der Informatik angesehen wird. Die Semiotik wird traditionsgemäß in die *Pragmatik, Semantik* und *Syntaktik* eingeteilt. Im Rahmen der Pragmatik kann sich die Analyse der konkreten wissenschaft-

104 Stichwort „Informatik" aus [18], S. 392–394.

lichen Informationstätigkeit vollziehen, nämlich – die Schaffung von Informationsrecherchesystemen, die Vervollkommnung des Systems der Primärpublikationen, das *Indexieren* usw. Die Methoden der Semantik werden in der I. beispielsweise bei der Schaffung und Analyse von *Informationsrecherchesprachen,* aber auch bei der Untersuchung von Strukturveränderungen eines Textes angewandt, die dessen Inhalt nicht verändern. Die Methoden der Syntaktik werden von der I. bei der Lösung von Aufgaben zur Formalisierung und Automatisierung einiger Arten der wissenschaftlichen Informationstätigkeit (Indexieren, *automatisches Referieren, maschinelles Übersetzen)* verwendet.

Die mathematische *Informationstheorie* wird in der I. für die Gewährleistung einer optimalen Codierung semantischer Information, ihrer langdauernden Speicherung, Suche und Fernübertragung genutzt. Die (logische) Semantik hat wesentlichen Einfluß auf die I. bei der Erforschung und Schaffung neuer Formen der Fixierung (Darstellung) wissenschaftlicher Information. Die Methoden der *mathematischen Logik* benutzt die I. bei der Schaffung von Informationsrecherchesprachen und bei der Formalisierung von Prozessen des logischen Schließens in den einen oder anderen Theorien. Immer stärker kommen in der I. auch die Methoden der Psychologie, insbesondere solcher relativ jungen Richtungen wie der Arbeitspsychologie, der *Ingenieurpsychologie* und der Psycholinguistik zur Anwendung. Die Methoden der Psychologie sind wichtig für die Erforschung der Denkvorgänge, bei der Ausarbeitung von Indexierungsproblemen, Problemen des Referierens und bei der Informationsrecherche (s. *Automatisierte Informationsrecherche)* usw. Buchkunde und besonders Buchgeschichte geben der I. wertvolle Hinweise über die wichtigsten Etappen der Formierung wissenschaftlicher Dokumente, erlauben es, die historische Bedingtheit der Methoden und Mittel der wissenschaftlichen Kommunikation zu verstehen. Mit den technischen Wissenschaften steht die I. bei der Schaffung vieler Realisierungsmittel von Informationssystemen in Wechselwirkung.

Die theoretische Hauptaufgabe der I. besteht in der Bestimmung der allgemeinen Gesetzmäßigkeiten, nach denen die Schaffung, Umwandlung, Übermittlung und Nutzung wissenschaftlicher Information in den unterschiedlichen Sphären menschlicher Tätigkeit abläuft. Die Anwendungsaufgaben der I. sind: die Ausarbeitung effektiverer Methoden und Mittel zur Realisierung von Informationsprozessen, die Bestimmung von Methoden optimaler wissenschaftlicher Kommunikation (in der Wissenschaft selbst und zwischen Wissenschaft und Produktion) unter starkem Einsatz moderner technischer Mittel.

Die wissenschaftlichen Forschungen auf dem Gebiet der I. werden in folgenden Richtungen durchgeführt: 1. Untersuchung der hauptsächlichen wissenschaftlichen Informationsprozesse – Erfassung, analytisch-synthetische Bearbeitung, Speicherung und Verbreitung wissenschaftlicher Information; 2. Untersuchung der Geschichte und Organisation der wissenschaftlichen Informationstätigkeit in unterschiedlichen Gebieten und Ländern; 3. Bestimmung optimaler Formen der Darstellung (Fixierung) wissenschaftlicher Information, Ausarbeitung der Typologie wissenschaftlicher Dokumente und Hauptforderungen an diese; Untersuchung von Eigenschaften und Gesetzmäßigkeiten dokumentaler Informationsströme; 4. Ausarbeitung von Analysemethoden für die semantische Information, Formalisierung des Herausziehens des hauptsächlichen Bedeutungsgehaltes aus wissenschaftlichen Dokumenten; 5. Erforschung von Informationssprachen und Übersetzungsprozeduren für die Übersetzung aus natürlichen in Informationssprachen und umgekehrt; 6. Schaffung von Systemen für Informationsrecherche und -versorgung; 7. Anwendung maschineller Technik für die Realisierung von Informationssystemen und Ausarbeitung einiger spezieller technischer Mittel (s. *Informationsrecherche-Anlagen).* Die I. erforscht nicht und arbeitet nicht aus: Kriterien für die Einschätzung des Wahrheitsgehaltes, des Neuheits- und Nützlichkeitsgrades wissenschaftlicher Information. Diese sind unverzichtbarer Bestandteil derjenigen Wissenschaften, auf die sich die betrachtete wissenschaftliche Information bezieht.

Viele Fragen der I. wurden früher im Rahmen anderer Disziplinen bearbeitet (in der Bibliothekswissenschaft, Buchkunde, Linguistik usw.). Schon zu Beginn des 20. Jahrhunderts schlug der belgische Wissenschaftler P. OTLET vor, den Komplex von Prozessen des Erfassens, Bearbeitens, Speicherns, Suchens und Verbreitens von Dokumenten unter der allgemeinen Bezeichnung „Dokumentation" zusammenzufassen, dieser Begriff dient manchmal als Synonym für den Begriff „I.". Im Jahre 1945 hat der amerikanische Wissenschaftler V. BUSH erstmals die Frage einer Mechanisierung der Informationsrecherche aufgeworfen. Internationale Konferenzen über die wissenschaftliche Information (London 1948, Washington 1958) waren erste Etappen einer Entwicklung der I.

In der UdSSR begann sich die I. in den 50er Jahren zu entwickeln, besonders nach der Schaffung des Instituts für wissenschaftliche Information der Akademie der Wissenschaften der UdSSR (jetzt *Unionsinstitut für wissenschaftliche und technische Information* des Staatlichen Komitees für Wissenschaft und Technik beim Ministerrat der UdSSR und der AdW der UdSSR). Siehe auch *dokumentale Information.*

Literatur: MICHAJLOV, A. I., ČERNYJ, A. I., GILJAREVSKIJ, R. S., Osnovy informatiki, M., 1968 (Bibliogr. S. 728–735; Meždunarodnyj forum po informatike, Bd. 1–2, M., 1969; Annual review of information science and technology, v. 1–8, Washington 1966–73.

R. S. GILJAREVSKIJ, A. I. ČERNYJ.

15. Literatur

[1] Kapica, P. L., Ėksperiment, teorija, praktika. 2-e, ispr. i dopoln. izd. „Nauka", Moskva 1977

[2] Bericht des Zentralkomitees der Sozialistischen Einheitspartei Deutschlands an den IX. Parteitag der SED. Berichterstatter E. Honecker. Dietz Verlag, Berlin 1976

[3] Programm der Sozialistischen Einheitspartei Deutschlands. Dietz Verlag, Berlin 1976

[4] Honecker, E., Zur Vorbereitung des IX. Parteitages. Gestützt auf das Erreichte nehmen wir höhere Ziele in Angriff. Aus dem Referat vor den 1. Sekretären der Kreisleitungen. Neuer Weg (1975) 993–1002

[5] Breżnev, L. I., Gordost' otečestvennoj nauki. Reč' na toržestvennom zasedanii, posvjaščennom 250-letnemu jubileju Akademii nauk SSSR. Pravda No. 281, 8 okt. 1975 g.

[6] Hager, K., Wissenschaft und Technologie im Sozialismus. Dietz Verlag, Berlin 1974

[7] Marx, K., Das Kapital. Bd. 1. Dietz Verlag, Berlin 1973

[8] Marx, K., Das Kapital. Bd. 2. Dietz Verlag, Berlin 1973

[9] Marx, K., Das Kapital. Bd. 3. Dietz Verlag, Berlin 1973

[10] Bonitz, M., Informationssysteme in Wissenschaft und Technik. 8 Vorlesungen für Chemiker. AdW der DDR, Zentralinstitut f. Kernforschung, Rossendorf 1974. (ZfK-272)

[11] Georg Christoph Lichtenbergs Aphorismen. Nach den Handschriften hrsg. v. A. Leitzmann. 3. Heft: 1775–1779. Berlin 1906. (Deutsche Literaturdenkmale d. 18. u. 19. Jh., Nr. 136. Dritte Folge, Nr. 16.)

[12] Wiener, N., Kybernetik. Regelung und Nachrichtenübertragung im Lebewesen und in der Maschine. Econ, Düsseldorf, Wien 1963. (Übers. aus dem Engl.) Wiener, N., Cybernetics or control and communication in the animal and the machine. Wiley, New York 1948

[13] Allgemeine Encyklopädie der Wissenschaften und Künste. Zweite Section, 18. Theil. Brockhaus, Leipzig 1840

Wenn von einer Quelle auch deren Übersetzung angegeben ist, wurde vom Autor stets die zuerst genannte Arbeit benutzt.

[14] Brockhaus' Konversationslexikon in 16 Bänden. 9. Bd. 14. Aufl. Brockhaus, Leipzig, Berlin, Wien 1894

[15] Der Große Brockhaus in 20 Bänden. 9. Bd. 15. Aufl. Brockhaus, Leipzig 1931

[16] Der Große Brockhaus in 12 Bänden. 5. Bd. 16. Aufl. Brockhaus, Wiesbaden 1954

[17] Ėkonomičeskaja ėnciklopedija. Političeskaja ėkonomija. Glav. red. A. M. Rumjancev. „Sovetskaja ėnciklopedija", Moskva 1975

[18] Ėnciklopedija kibernetiki. 2 toma. Pod red. V. M. Gluškova. Glavnaja redakcija Ukrainskoj Sovetskoj ėnciklopedii, Kiev 1975

[19] Philosophisches Wörterbuch. 2 Bde. Hrsg. G. Klaus u. M. Buhr. 10., neubearb. u. erw. Aufl. Bibliographisches Institut, Leipzig 1974

[20] Wörterbuch der Psychologie. Hrsg. G. Clauß (u. a.). Bibliographisches Institut, Leipzig 1976

[21] International encyclopedia of the social sciences. Ed. D. L. Sills. Macmillan, The Free Press, 1968

[22] Brockhaus Enzyklopädie in 20 Bänden. 9. Bd. 17. Aufl. Brockhaus, Wiesbaden 1970

[23] Meyers Enzyklopädisches Lexikon in 25 Bänden. 12. Bd. 9. Aufl. Bibliographisches Institut, Mannheim, Wien, Zürich 1974

[24] Fachwörterbuch der Informatik. Hrsg. Internationales Zentrum für Wissenschaftliche und Technische Information, Moskau 1975. (In 14 Sprachen.)

[25] Klaus, G., Rationalität, Integration, Information. Deutscher Verlag der Wissenschaften, Berlin 1974

[26] Klix, F., Information und Verhalten. Deutscher Verlag der Wissenschaften, Berlin 1971

[27] Zločevskij, S. E., Kozenko, A. V., Kosolapov, V. V., Polovinčik, A. N., Information in der wissenschaftlichen Forschung. Akademie-Verlag, Berlin 1972. (Übers. aus dem Russ.)

[28] Ursul, A. D., Otraženie i informacija. „Nauka", Moskva 1973

[29] Ursul, A. D., Problema informacii v sovremennoj nauke. „Nauka", Moskva 1975

[30] Michajlov, A. I., Černyj, A. I., Giljarevskij, R. S., Naučnye kommunikacii i informatika. „Nauka", Moskva 1976

[31] Birjukov, B. V., Kibernetika i metodologija nauki. „Nauka", Moskva 1974

[32] Gluškov, V. M., O kibernetike kak nauke. V sb.: Kibernetika, myšlenie, žizn'. „Nauka", Moskva 1964

[33] Lenin, W. I., Werke. Bd. 14, Materialismus und Empiriokritizismus. Dietz Verlag, Berlin 1968

[34] Shannon, C. E., A mathematical theory of communication. Bell System Techn. J. **27** (1948) 3, S. 379–423; 4, S. 623–656

[35] Trostnikov, V. N., Čelovek i informacija. „Nauka", Moskva 1970

[36] Schulze, W., Wissenschaftliche Forschung und elektronische Rechentechnik. Akademie-Verlag, Berlin 1975. (Beiträge zur Forschungstechnologie. Heft 2.)

[37] Fuchs-Kittowski, K., Tschirschwitz, R., Wenzlaff, B., Zum Gegenstand der Automatisierung körperlicher und geistiger menschlicher Tätigkeiten. messen, steuern, regeln **17** (1974) 266–268

[38] Introduction to information science. Hrsg. T. Saracevic. Bowker, New York, London 1970

[39] Michajlov, A. I., Černyj, A. I., Giljarevskij, R. S., Grundlagen der Informatik. 2 Bde. Staatsverlag der DDR, Berlin 1970. (Übers. aus dem Russ.)

[40] Kozačkov, L. S., Sistemy potokov naučnoj informacii. „Naukova Dumka", Kiev 1970

[41] Kosolapov, V. V., Informacionnoe obespečenie i prognozirovanie nauki. Izd. Kievskogo Universiteta, Kiev 1970

[42] Novikov, Ė. A., Egorov, V. S., Informacija i issledovatel'. „Nauka", Leningrad 1974

[43] David, H., Wissenschaftsinformation als Ausdruck der Wissenschaftsentwicklung in Biologie und Medizin. Verlag Volk und Gesundheit, Berlin 1974

[44] Dobrov, G. M., Potential der Wissenschaft. Akademie-Verlag, Berlin 1971. (Übers. aus dem Russ.)

[45] Kosolapov, V. V., Ščerban, A. N., Die Optimierung der wissenschaftlichen Forschung. Akademie-Verlag, Berlin 1975. (Übers. aus dem Russ.)

[46] Price, D. J. de Solla, Little science, big science. Columbia University Press, New York, London 1963

[47] Wolkow, G. N., Soziologie der Wissenschaft. Dietz Verlag, Berlin 1970. (Übers. aus dem Russ.)

[48] Kuczynski, J., Wissenschaft heute und morgen. Akademie-Verlag, Berlin 1973

[49] Laisiepen, K., Lutterbeck, E., Meyer-Uhlenried, K.-H., Grundlagen der praktischen Information und Dokumentation. Verlag Dokumentation, München-Pullach, Berlin 1972. (DGD-Schriftenreihe. Bd. 1.)

[50] Ostwald, W., Die chemische Literatur und die Organisation der Wissenschaft. Akademische Verlagsgesellschaft, Leipzig 1919. (Handbuch d. allgem. Chemie. Bd. 1.)

[51] Bonitz, M., Gedanken Wilhelm Ostwalds zum Informationsproblem in der wissenschaftlichen Forschung. Vortrag auf d. Internat. Kolloquium anläßl. des 125. Geburtstages von Wilhelm Ostwald, Berlin 25. u. 26. Sept. 1978. (Konferenzmat. im Druck)

[52] Forschen und Nutzen. Wilhelm Ostwald zur wissenschaftlichen Arbeit. Aus seinen Schriften ausgew., bearb. u. zusammengest. anläßl. seines 125. Geburtstages v. G. Lotz, L. Dunsch, U. Kring. Mit einem Geleitw. v. P. A. Thießen u. einer Einf. v. G. Lotz u. L. Dunsch. Akademie-Verlag, Berlin 1978. (Beiträge zur Forschungstechnologie. Sonderbd. 1.)

[53] Steenbeck, M., Wirken für die Zukunft. Reden und Aufsätze 1968–1972. Aufbau-Verlag, Berlin, Weimar 1973

[54] Schwabe, K., Information über den Wissensstand als Voraussetzung für die Forschung. Spektrum **7** (1976) 2, S. 4–7

[55] Schwabe, K., Ständige Ausstellung im Haus Wilhelm Ostwalds. Spektrum **6** (1975) 3, S. 28–29

[56] Standpunkte und Streitpunkte. Interview mit R. Rompe. Spektrum **4** (1973) 3, S. 10–13

[57] Herring, C., Critical reviews: The user's point of view. J. chem. Doc. **8** (1968) 232–236

[58] Loeser, F., Rationelles Lesen. Urania-Verlag, Leipzig, Jena, Berlin 1971

[59] Science, government, and information. The responsibilities of the technical community and the government in the transfer of information. A report of The President's Science Advisory Committee. The White House, Jan. 10, 1963. Deutsch u. d. Titel: Wissenschaft, Regierung und Information. Frankfurt/M. 1964. (Nachrichten für Dokumentation. Beiheft 12.)

[60] Korolev, M., Kak ‚rabotaet' informacija? Pravda No. 254, 255, 11 i 12 sent. 1975 g.

[61] Giljarevskij, R. S., Informatika i bibliotekovedenie. „Nauka", Moskva 1974

[62] Thiel, R., Mathematik, Sprache, Dialektik. Akademie-Verlag, Berlin 1975

[63] Cherry, C., Kommunikationsforschung – eine neue Wissenschaft. S. Fischer, Frankfurt/M. 1963. (Übers. aus dem Engl.)

[64] Brudnyj, A., Šrejder, Ju., Kommunikacija i intellekt. Meždun. forum inform. dokum. **1** (1976) 2, s. 9–14

[65] Kresze, G., Kommunikation in der Chemie heute – Probleme und Möglichkeiten. Angew. Chemie **82** (1970) 563–568

[66] Philosophical Transactions **1** (1665, 1666) 12, S. 213

[67] Philosophical Transactions **1** (1665) 1, S. 1

[68] Price, D. J. de Solla, Science since Babylon, Yale University Press, New Haven 1961

[69] Aufrichtige und Unpartheyische Gedancken, Über die Journale, Extracte und Monaths-Schriften, ... Erstes Stück. Freyburg 1714. S. 13

[70] Bonitz, M., Notes on the development of secondary periodicals: from the 'Journal des Sçavans' to the 'Pharmaceutisches Central-Blatt'. Int. Forum Inf. Doc. **2** (1977) 1, S. 26–31.
Bonic, M., Iz istorii vtoričnych žurnalov: ot 'Journal des Sçavans' do 'Pharmaceutisches Central-Blatt'. Meždun. forum inform. dokum. **2** (1977) 1, s. 27–31

[71] Kraus, K., Aphorismen und Gedichte. Auswahl 1903–1937. Verlag Volk und Welt, Berlin 1974

[72] Weinberg, A. M., Impact of large-scale science on the United States. Science **134** (1961) 161–164

[73] Weinberg, A. M., Probleme der Großforschung. Suhrkamp, Frankfurt/M. 1970. (Übers. aus dem Engl.)

[74] Kuczynski, J., Das Gleichgewicht der Null. Akademie-Verlag, Berlin 1973

[75] Michajlov, A. I., Černyj, A. I., Giljarevskij, R. S., Informatika – novoe nazvanie teorii naučnoj informacii. Naučno-techn. inform. (1966) 12, s. 35–39

[76] Giljarevskij, R. S., Černyj, A. I., Naučnaja kommunikacija i nekotorye problemy informatiki. V kn.: Teoretičeskie osnovy informacii. Meždun. simpozium stran-členov SĖV. VINITI, Moskva 1970

[77] Bol'šaja Sovetskaja Ėnciklopedija. 3-e izd. „Sovetskaja ėnciklopedija", Moskva 1972

[78] Temnikov, F. E., Informatika. Izvestija vysšich učebnych zavedenij. Ėlektromechanika (1963) 1277

[79] Šrejder, Ju. A., Semiotičeskie osnovy informatiki. Lekcii. Institut povyšenija kvalifikacii informacionnych rabotnikov (IPKIR), Moskva 1974

[80] Giljarevskij, R. S., Aufgaben der Informationswissenschaft im System der Hochschulausbildung. (Thesen) In: 9. Kolloquium über Inf. u. Dok. vom 12. bis 14. Nov. 1975. Themenkreis 1. Ilmenau 1976, S. 195–197. (Dokumentation/Information. Schriftenreihe des Instituts für Informationswissenschaft, Erfindungswesen und Recht. Heft 30.)

[81] Bonitz, M., Information für die Forschung – Forschung für die Information. Spektrum 7 (1976) 4, S. 30

[82] Nickel, K., Die Dualität Hardware–Software. In: Informatik. Barth, Leipzig 1972, S. 373–398. (Nova Acta Leopoldina. Bd. 37/1, Nr. 206.)

[83] Nickel, K., Informatik – eine neue Wissenschaft. Interner Bericht 69/12 des Instituts für Informatik, Universität Karlsruhe, 1969. Veröffentlich in: Fridericiana, Zeitschrift der Universität Karlsruhe (1970) 6, S. 23–38

[84] Zemanek, H., Was ist Informatik? What is computer science? Elektron. Rechenanl. **13** (1971) 157–161

[85] Koblitz, J., On the nature and terminological designation of information and documentation as a field of information activity. Int. Forum Inf. Doc. **1** (1976) 3, S. 29–36

[86] Fuchs-Kittowski, K., Kaiser, K., Tschirschwitz, R., Wenzlaff, B., Informatik und Automatisierung. Bd. 1. Akademie-Verlag, Berlin 1976

[87] Engelbert, H., Zu einer Theorie der gesellschaftlichen (sozialen) Information. In: 9. Kolloquium über Inf. u. Dok. vom 12. bis 14. Nov. 1975. Themenkreis 1. Ilmenau 1976, S. 45–54. (Dokumentation/Information. Schriftenreihe des Instituts für Informationswissenschaft, Erfindungswesen und Recht. Heft 30.)

[88] Kunz, W., Rittel, H., Die Informationswissenschaften. R. Oldenbourg, München, Wien 1972

[89] Skolnik, H., UNESCO Meeting of editors. J. Chem. Doc. **12** (1972) 146

[90] Referativnyj Žurnal. 59. Informatika. (1977) 1, s. 2–5

[91] Ramón y Cajal, S., Regeln und Ratschläge zur wissenschaftlichen Forschung. E. Reinhardt, München 1933. (Übers. aus dem Span.)

[92] Bernal, J. D., Die Wissenschaft in der Geschichte. 3. bearb. Aufl. Deutscher Verlag der Wissenschaften, Berlin 1967. (Übers. aus dem Engl.)

[93] Malecki, I., Die Wissenschaftslehre im System der Wissenschaften. Sowjetwissenschaft, Gesellschaftswissenschaftliche Beiträge (1967) 1222–1231

[94] Dobrov, G. M., Wissenschaftswissenschaft. Einführung in die Allgemeine Wissenschaftswissenschaft. Hrsg. u. mit einem Vorwort versehen v. G. Lotz. Akademie-Verlag, Berlin 1969. (Übers. aus dem Russ.)

[95] Naučno-techničeskaja revoljucija i socializm. Pod red. B. M. Kedrova. „Politizdat", Moskva 1973

[96] Wissenschaft. Stellung, Funktion und Organisation in der entwickelten sozialistischen Gesellschaft. Hrsg. G. Kröber und H. Laitko. Akademie-Verlag, Berlin 1975

[97] Dobrov, G. M., Die Ausarbeitung der theoretischen Grundlagen für die Wissenschaftspolitik in der UdSSR. In: Leitung der Forschung. Probleme und Ergebnisse. Hrsg. G. M. Dobrov und D. Wahl. Akademie-Verlag, Berlin 1976, S. 35–60

[98] Price, D. J. de Solla, Quantitative measurements of the development of science. Archives Internationales d'Histoire des Sciences **14** (1951) 85–93

[99] CA publishes 5 millionth Abstract. J. Chem. Doc. **12** (1972) 139

[100] Weil, B. H., The citation outlook for 1985, Int. Forum Inf. Doc. **1** (1976) 3, S. 9–11

[101] Price, D. J. de Solla, The exponential curve of science. Discovery **17** (1956) 240–243

[102] Nalimov, V. V., Mul'čenko, Z. M., Naukometrija. „Nauka", Moskva 1969

[103] Herrmann, P., Informationsrecherchesysteme. Bibliographisches Institut, Leipzig 1973

[104] Winde, B., Information – Schlüssel zum Wissen. Urania-Verlag, Leipzig, Jena, Berlin 1972

[105] Kronick, D. A., A history of scientific and technical periodicals: the origins and development of the scientific and technological press, 1665–1790. Scarecrow Press, New York 1962. 2. Auf. 1976

[106] Engels, F., Umrisse zu einer Kritik der Nationalökonomie. In: Deutsch-französische Jahrbücher. Hrsg. A. Ruge und K. Marx. Im Bureau der Jahrbücher, Paris 1844. Nachdruck Reclam, Leipzig 1973, S. 180–214

[107] Engels, F., Dialektik der Natur. Dietz Verlag, Berlin 1958

[108] Vleduc, G. Ė., Gejvandov, Ė. A., Avtomatizirovannye informacionnye sistemy dlja chimii. „Nauka", Moskva 1974

[109] Blek, A. V., Informacionnoe obespečenie naučnych issledovanij. „Nauka", Leningrad 1974

[110] Zavlin, P. N., Ščerbakov, A. I., Judelevič, M. A., Trud v sfere nauki. „Ėkonomika", Moskva 1973.
Sawlin, P. N.; Stscherbakow, A. I., Judelewitsch, M. A., Die Arbeit im Bereich der Wissenschaft. Verlag Die Wirtschaft, Berlin 1975. (Übers. aus dem Russ.; gekürzt.)

[111] Gluškov, V. M., Dobrov, G. M., Tereščenko, V. I., Besedy ob upravlenii. „Nauka", Moskva 1974

[112] Steinbuch, K., Falsch programmiert. 6. Aufl. Deutsche Verlagsanstalt, Stuttgart 1969

[113] Geplante Forschung – planmäßiger Fortschritt. Gespräch mit U. Hofmann. Spektrum **5** (1974) 7, S. 5–8

[114] Hofmann, U., Mehr ökonomischen Leistungszuwachs durch besseres Zusammenwirken von Wissenschaft, Technik und Produktion. Neues Deutschland, Jg. 34, Nr. 22 vom 26. Januar 1979

[115] XXV. Parteitag der KPdSU, Dokumente. Dietz Verlag, Berlin 1976

[116] Vleduc, G. Ė., Nalimov, V. V., Stjažkin, N. I., Naučnaja i techničeskaja informacija kak odna iz zadač kibernetiki. Uspechi fizičeskich nauk **69** (1959) 1, s. 13–56

[117] Mater, E., Wunschvorstellungen und realisierbare Schritte bei der automatischen Informationsverarbeitung. In: 7. Kolloquium über Inf. u. Dok. vom 17. bis 19. Nov. 1971. Themenkreis 3. Ilmenau 1972, S. 5–21. (Dokumentation/Information. Schriftenreihe des Instituts für Informationswissenschaft, Erfindungswesen und Recht. Heft 20.)

[118] Ashby, W. R., An introduction to cybernetics. Chapman & Hall, London 1956

[119] Klaus, G., Liebscher, H., Systeme, Informationen, Strategien. Verlag Technik, Berlin 1974

[120] Wörterbuch der Kybernetik. Hrsg. G. Klaus und H. Liebscher. 4., völlig überarb. Aufl. Dietz Verlag, Berlin 1976

[121] Steinbuch, K., Automat und Mensch. 3. Aufl. Springer, Berlin, Heidelberg, New York 1965

[122] Flechtner, H.-J., Grundbegriffe der Kybernetik. Wissenschaftliche Verlagsgesellschaft, Stuttgart 1970

[123] Lerner, A. Ja., Grundzüge der Kybernetik. Verlag Technik, Berlin 1970. (Übers. aus dem Russ.)

[124] Drischel, H., Einführung in die Biokybernetik. Akademie-Verlag, Berlin 1972

[125] Kuzin, L. T., Osnovy kibernetiki. T. 1: Matematičeskie osnovy kibernetiki. „Ėnergija", Moskva 1973

[126] Baldeweg, F., Jungclaussen, H., Stahn, H., Grundlagen der Kybernetik II. AdW der DDR, Zentralinstitut f. Kernforschung, Rossendorf 1975. (ZfK–308)

[127] Sadovskij, V. N., Osnovanija obščej teorii sistem. „Nauka", Moskva 1974

[128] Zade, L., Dezoer, Č., Teorija linejnych sistem. „Nauka", Moskva 1970. (Übers. aus dem Engl.).
Zadeh, L. A., Desoer, C. A., Linear System Theory. McGraw Hill, New York 1963

[129] IEEE Newsletter. Systems Science and Cybernetics Group, N7, May 1967

[130] Moskovič, V. A., Informacionnye jazyki. „Nauka", Moskva 1971

[131] Mol', A., Teorija informacii i ėstetičeskoe vosprijatie. „Mir", Moskva 1963. (Übers. aus dem Franz.).
Moles, A., Théorie de l'information et perception esthétique. Flamarion, Paris 1958

[132] Peschel, M., Kybernetik und Automatisierung. 4. bearb. Aufl. Verlag Technik, Berlin 1972. (Automatisierungstechnik. Nr. 30.)

[133] Peschel, M., Kybernetische Systeme. 2. berichtigte Aufl. Verlag Technik, Berlin 1972. (Automatisierungstechnik. Nr. 100.)

[134] Bertalanffy, L. v., Vom Molekül zur Organismenwelt. 2. Aufl. Akademische Verlagsgesellschaft Athenaion, Potsdam 1949

[135] Blauberg, I. V., Sadovsky, V. N., Yudin, E. G., Systems Theory, Philosophical and methodological problems. Progress Publishers, Moscow 1977

[136] Blauberg, I., Die Geschichte der Wissenschaft und das Systemdenken. Gesellschaftswissenschaften (1977) 3 (11), S. 100–112

[137] Lange, O., Ganzheit und Entwicklung in kybernetischer Sicht. Akademie-Verlag, Berlin 1966. (Übers. aus dem Poln.)

[138] Klaus, G., Vorwort zu: Lange, O., Ganzheit und Entwicklung in kybernetischer Sicht. Akademie-Verlag, Berlin 1966

[139] Mende, W., Peschel, M., Problems of fuzzy modelling, control and forecasting of time series and some aspects of systems evolution. Vortrag, gehalten auf der IFAC-Konferenz „Ecological and biomedical systems", Leipzig 1977

[140] Rekomendacii po sistemnomu modelirovaniju OSNTI. Pod red. L. N. Sumarokova i S. G. Malinina. „Informelektro", Moskva 1974

[141] Jaglom, A. M., Jaglom, I. M., Wahrscheinlichkeit und Information. 2. erw. Aufl. Deutscher Verlag der Wissenschaften, Berlin 1965. (Übers. aus dem Russ.)
Jaglom, A. M., Jaglom, I. M., Verojatnost' i informacija. 2-e izd. „Fizmatgiz", Moskva 1960

[142] Helmholtz, H. v., Über das Verhältnis der Naturwissenschaften zur Gesamtheit der Wissenschaft. In: Helmholtz, H. v., Vorträge und Reden. Bd. 1. 4. Aufl. Vieweg, Braunschweig 1896, S. 157–185

[143] Siforov, V. I., Naučnaja informacija i povyšenie ėffektivnosti naučnych issledovanij. V kn.: Upravlenie, planirovanie i organizacija naučnych i techničeskich issledovanij. T. 3. VINITI, Moskva 1970

[144] Tänzer, K.-H., Der Informationsbedarf – Grundlage einer rationellen Informationstätigkeit. Informatik **20** (1973) 4, S. 4–7

[145] Problemy udovletvorenija informacionnych potrebnostej. Pod red. A. I. Michajlova. VINITI, Moskva 1974

[146] Engelbert, H., Der Informationsbedarf in der Wissenschaft. Bibliographisches Institut, Leipzig 1976

[147] Černyj, A. I., Vvedenie v teoriju informacionnogo poiska. „Nauka", Moskva 1975

[148] Kedrow, B. M., Klassifizierung der Wissenschaften. 2 Bde. Akademie-Verlag, Berlin 1975/1976; Verlag Progreß, Moskau 1975/1976

[149] Dahlberg, I., Grundlagen universaler Wissensordnung. Probleme und Möglichkeiten eines universalen Klassifikationssystems des Wissens. Verlag Dokumentation, München-Pullach 1974. (DGD-Schriftenreihe. Bd. 3.)

[150] Rigby, M., Computers and the UDC. International Federation for Documentation, The Hague 1974. (FID 523)

[151] Hoffmann, L., Kommunikationsmittel Fachsprache. Akademie-Verlag, Berlin 1976

[152] Kuczynski, J., Memoiren. Die Erziehung des J. K. zum Kommunisten und Wissenschaftler. 2. Aufl. Aufbau-Verlag, Berlin, Weimar 1975

[153] Schröder, H.-G., Winkler, G., Schulz, M., Wiemer, H., Weinrich, L., Ludwig, H., Empfehlungen zur Einsatzvorbereitung des SOPS AIDOS in der wissenschaftlich-technischen und der gesellschaftswissenschaftlichen Information in der DDR. Berlin 1976. (ZIID-Schriftenreihe)

[154] Sėlton, G., Avtomatičeskaja obrabotka, chranenie i poisk informacii. „Sovetskoe radio", Moskva 1973. (Übers. aus dem Engl.)
Salton, G., Automatic information organization and retrieval, McGraw-Hill, New York 1968

[155] Lankaster, F., Informacionno-poiskovye sistemy. „Mir", Moskva 1972. (Übers. aus dem Engl.)
Lancaster, F. W., Information Retrieval Systems. Wiley, New York 1968

[156] Informacionnye sistemy obščego naznačenija. „Statistika", Moskva 1975. (Übers. aus dem Engl.)
Feature Analysis of generalized data base management systems. Codasyl Systems Committee, Technical Report, May 1971

[157] Turski, W. M., Datenstrukturen. Akademie-Verlag, Berlin 1975. (Übers. aus dem Poln.)

[158] Seletkov, S. N., Volkov, B. G., Organizacija chranenija i poiska dannych v informacionno-logičeskich sistemach. „Sovetskoe radio", Moskva 1971

[159] Wessel, A. E., Information Retrieval und Automatisierung. Perspektiven und Probleme. Luchterhand, Neuwied 1975. (Wirtschaftsführung, Kybernetik, Datenverarbeitung. Bd. 18.)

[160] Chemisches Archiv 1 (1783) 10–16

[161] Hartmann, K., Weinrich, L., Bedingungsabhängige Verfahrensweisen und allgemeingültige Kriterien von Systemlösungen für die SIV bei Nutzung von EDVA. (Thesen) In: 10. Kolloquium über Inf. u. Dok. vom 8. bis 11. Nov. 1977. Ilmenau 1977, S. 13–15. (Dokumentation/Information. Schriftenreihe des Instituts für Informationswissenschaft, Erfindungswesen und Recht. Heft 37.)

[162] Garfield, E., Science Citation Index – a new dimension in indexing. Science (1964) 649–654

[163] Shepard's Citation. Chicago 1873

[164] Dobrov, G. M., Smirnov, L. P., Klimenjuk, V. N., Levin, E. I., Mašinnye metody analiza informacii ob opyte naučno-techničeskogo razvitija. „Nauka", Moskva 1972

[165] Perschke, S., Vernimb, C., Feasibility study of automatic indexing of INIS-Abstracts. In: Information Systems, their interconnection and compatibility. International Atomic Energy Agency, Vienna 1975, S. 409–416

[166] Vagianos, L., Information Patterns in a university environment. J. Chem. Doc. 11 (1971) 85–99

[167] Koroleva, G. A., Avtomatizirovannye informacionnye sistemy CAS, INIS, INSPEC, MEDLARS, NASA. Naučno-techn. inform. Ser. 1. (1974) 8, s. 28–34

[168] Ukazateli k zarubežnym referativnym žurnalam. Sb. pod red. A. I. Michajlova. VINITI, Moskva 1975

[169] Weiß, P., Automatisierte Informationssysteme für die medizinische Wissenschaftsinformation. DDR-Med.-Rep. 5 (1976) 560–576; 5 (1976) 648–670; 5 (1976) 748–768; 5 (1976) 930–960

[170] Katalog informacionnych izdanij VINITI. Pod red. A. I. Michajlova. VINITI, Moskva 1975

[171] Černyj, A. I., Šulov, L. M., Kalinina, G. R., Ermakova, I. A., Miščenko, G. L., Chimiki AN SSSR i ich informacionnye potrebnosti. Pod red. A. I. Michajlova. VINITI, Moskva 1976, s. 5–24

[172] Kiehlmann, E., Organization and efficient manual searching of the major chemical title and abstract publications. J. Chem. Doc. 13 (1973) 78–83

[173] Shannon, R. L., Nuclear Science Abstracts. A 21-year perspective.

In: Handling of Nuclear Information. International Atomic Energy Agency, Vienna 1970, S. 379–384

[174] Handling of Nuclear Information. International Atomic Energy Agency, Vienna 1970

[175] Manecke, H.-J., Automatisierte Informationsverarbeitung, Zitierung und Manipulation. (Thesen) In: 10. Kolloquium über Inf. u. Dok. vom 8. bis 11. Nov. 1977. Ilmenau 1977, S. 11–12. (Dokumentation/Information. Schriftenreihe des Instituts für Informationswissenschaft, Erfindungswesen und Recht. Heft 37.)

[176] INIS Newsletters. No. 15/16, Oct. 1975/Jan. 1976

[177] Ševjakova, L. A., Scharnow, H.-G., Schildmann, G., Der Aufbau eines Speichers chemischer Verbindungen – die Realisierung einer neuen Etappe des integrierten Chemieinformationssystems der UdSSR und der DDR. Informatik **24** (1977) 1, S. 17–19

[178] Ardenne, M. v., Tabellen der Elektronenphysik, Ionenphysik und Übermikroskopie. 2 Bde. Deutscher Verlag der Wissenschaften, Berlin 1956

[179] Ardenne, M. v., Tabellen zur angewandten Physik. 3 Bde. Deutscher Verlag der Wissenschaften, Berlin 1962–1973

[180] Müller, G. O., Stand und Trends der Experimentalmethodik in der Festkörperphysik. Akademie-Verlag, Berlin 1975. (Beiträge zur Forschungstechnologie. Heft 1.)

[181] Mooers, C. N., Ciphering structural formulas – the zatopleg-system. Zator techn. Bull. Nr. 59, 1951

[182] Meyer, E., Vielseitige maschinelle Suchmöglichkeiten nach Strukturformeln, Teilstrukturen und Stoffklassen. Angew. Chemie **82** (1970) 605–611

[183] Černyj, A. I., Das integrierte automatische Informationssystem des Allunionsinstituts für wissenschaftlich-technische Information (VINITI) „ASSISTENT". In: 9. Kolloquium über Inf. u. Dok. vom 12. bis 14. Nov. 1975. Themenkreis 3. Ilmenau 1976, S. 50–67. (Dokumentation/Information. Schriftenreihe des Instituts für Informationswissenschaft, Erfindungswesen und Recht. Heft 32.)

[184] Ziman, J. M., Information, communication, knowledge. Nature **224** (1969) 318–324.
Zajman, Dž., Informacija, svjazi, znanie. Uspechi fiz. nauk **101** (1970) 53–69. (Übers. aus dem Engl.)

[185] Bonitz, M., Schmidt, P., The growing importance of R & D reports as shown by nuclear science reports. Int. Forum Inf. Doc. **3** (1978) 1, S. 8–12.
Bonic, M., Šmidt, P., Vozrastajuščee značenie naučnych otčetov na primere otčetov v oblasti jadernoj fiziki. Meždun. forum inform. dokum. **3** (1978) 1, s. 8–12

[186] Komplexprogramm für die weitere Vertiefung und Vervollkommnung der Zusammenarbeit und Entwicklung der sozialistischen ökonomischen Integration der Mitgliedländer des RGW, Neues Deutschland, Jg. 26, Nr. 216 vom 7. August 1971

[187] Sumarokov, L. N., Poluškin, V. A., Sotrudničestvo socialističeskich stran v oblasti informacionnoj dejatel'nosti. Naučno-techn. inform. Ser. 2. (1977) 11/12, s. 74–78

[188] Kendėl, M., Rangovye korreljacii. „Statistika", Moskva 1975. (Übers. aus dem Engl.).
Kendall, M. G., Rank Correlation Methods. 4. ed. Griffin, London 1970

[189] Bradford, S. C., Documentation. Lockwood, London 1948

[190] Zipf, G. K., Human behaviour and the principle of least effort. Addison-Wesley, Cambridge/Mass. 1949

[191] Lotka, A. J., The frequency distribution of scientific productivity. J. of the Washington Academy of Sciences **16** (1926) S. 317

[192] Arapov, M. V., Efimova, E. N., Šrejder, Ju. A., O smysle rangovych raspredelenij. Naučno-techn. inform. Ser. 2. (1975) 1, s. 9–20

[193] Vladimirova, A. V., Analiz sostojanija slovarja UDK, na primere razdelov UDK 626/627 Gidrotechničeskoe stroitel'stvo. Naučno-techn. inform. Ser. 2. (1976) 8, s. 15–22

[194] Bonitz, M., Eine Methode zur Optimierung des Zeitschriftenbestandes in großen Forschungsbibliotheken. In: 9. Kolloquium über Inf. u. Dok. vom 12. bis 14. Nov. 1975. Themenkreis 2. Ilmenau 1976, S. 25–40. (Dokumentation/Information. Schriftenreihe des Instituts für Informationswissenschaft, Erfindungswesen und Recht. Heft 31.)

[195] Brookes, B. C., The complete Bradford-Zipf "bibliograph". J. of Doc. **25** (1969) 58–60

[196] Vickery, B. C., Bradford's law of scattering. J. of Doc. **4** (1948) 198–203

[197] Gor'kova, V. I., Mellion, S. P., Zakonomernosti raspredelenija

publikacij v periodičeskich i prodolžajuščichsja izdanijach po èlektrotechnike i ènergetike. Naučno-techn. inform. Ser. 2. (1968) 11, s. 3–7

[198] Šrejder, Ju., A., Informacija i metainformacija. Naučno-techn. inform. Ser. 2. (1974) 4, s. 3–10

[199] Hjärne, L., The International Neutron Data System. In: Handling of Nuclear Information. International Atomic Energy Agency, Vienna 1970, S. 73–82

[200] Dobrov, G. M., Wissenschaftsorganisation und Effektivität. Akademie-Verlag, Berlin 1971. (Übers. aus dem Russ.)

[201] Ostwald, W., Denkschrift über die Gründung eines internationalen Instituts für Chemie. Akademische Verlagsgesellschaft, Leipzig 1912

[202] Kotarbinskij, T., Traktat o chorošej rabote. „Ėkonomika", Moskva 1975. (Übers. aus dem Poln.)
Kotarbiński, T., Traktat o dobrej robocie. 3. Aufl. Ossolineum, Wrocław, Warszawa, Kraków 1965

[203] Lexikon der Wirtschaft. Band Arbeit. Verlag Die Wirtschaft, Berlin 1968

[204] Kitaigorodsky, A., I Am a Physicist. Mir Publishers, Moscow 1977. (Übers. aus dem Russ.)
Kitajgorodskij, A., Fizika – moja professija. „Mol. gvardija", Moskva 1977

[205] Seaborg, G. T., Wilkes, D. M., Education and the Atom. McGraw-Hill, New York, San Francisco, Toronto, London 1964

[206] Dobrov, G. M., Rėndol'f, R. Ch., Rauch, V. D., Informacionnye seti dlja meždunarodnych kollektivnych issledovanij. Meždun. forum inform. dokum. 3 (1978) 3, s. 3–12

[207] Day, R. A., Scientific journals: An endangered species. Int. Forum Inf. Doc. 1 (1976) 3, S. 6–8

[208] Bamford, H. E., The electronic alternative to paper-based communication. Int. Forum Inf. Doc. 1 (1976) 3, S. 15–18

[209] Zuviel Geld für die Wissenschaft? Interview zu Problemen des wissenschaftlich-technischen Fortschritts mit dem Präsidenten der AdW der DDR, H. Klare. Sächsische Zeitung, Dresden, Jg. 32, Nr. 122 vom 24. Mai 1977

[210] Wysocki, A., UNISIST programme: its role in international cooperation in scientific and technical information. In: Information

Systems, their interconnection and compatibility. International Atomic Energy Agency, Vienna 1975, S. 3–13

[211] East, H., Martinelli, M. T., Building on what exists: The development of AGRIS as an example of systems interconnection. In: Information Systems, their interconnection and compatibility. International Atomic Energy Agency, Vienna 1975, S. 41–50

[212] Prajs, D. Dž. de S., Tendencii v razvitii naučnoj kommunikacii – prošloe, nastojaščee, buduščee. V sb.: Kommunikacija v sovremennoj nauke. „Progress", Moskva 1976, s. 93–109. (Übers. aus dem Engl.) Price, D. J. de Solla, Communication in Science: The ends – philosophy and forecast. In: Communication in science. Little, Brown, Boston 1967, S. 199–209

[213] Mirskij, Ė. M., Sadovskij, V. N., Problemy issledovanija kommunikacii v nauke. Vstupitel'naja stat'ja k sb.: Kommunikacija v sovremennoj nauke. „Progress", Moskva 1976, s. 5–24

[214] Prokop, O., Uhlenbruck, G., Über Wissenschaftskriminalität. DDR-Med.-Rep. 4 (1975) 966–985

16. Personenregister

Die *kursiv* gedruckten Seitenzahlen verweisen auf die entsprechenden Stellen im Literaturverzeichnis.

Arapov, M. V. *182*
Ardenne, M. v. *181*
Archimedes 63
Ashby, W. R. 44, *177*

Baldeweg, F. 44, *177*
Bamford, H. E. *183*
Bernal, J. D. 125, 142, *175*
Bertalanffy, L. v. 45, *178*
Birjukov, B. V. 9, 43, 44, *171*
Blauberg, I. V. 45, *178*
Blek, A. V. 39, *176*
Bonitz, M. *169, 172, 173, 174, 182*
Bradford, S. C. 127, 137, 138, *182*
Brežnev, L. I. 2, *169*
Brookes, B. C. *182*
Brudnyj, A. A. *173*
Buhr, M. *170*
Bush, V. 167

Černyj, A. I. 20, 63, 74, 116, 167, *170, 171, 173, 174, 178, 180, 181*
Cherry, C. 19, *173*
Christl, M. 112
Clauß, G. *170*
Crell, L. 88

Dahlberg, I. 72, *179*
David, H. *171*
Davy, H. 37
Day, R. A. *183*
Descartes, R. 38
Desoer, C. A. *177*
Dewey, M. 72
Dobrov, G. M. 33, 39, 139, *171, 175, 176, 180, 183*
Drischel, H. 44, *177*
Dunsch, L. *172*

East, H. *184*
Echegaray, J. 33
Efimova, E. N. *182*
Egorov, V. S. *171*
Engelbert, H. 29, *174, 178*
Engels, F. 35, 38, *176*
Ermakova, I. A. *180*

Flechtner, H.-J. 44, *177*
Fuchs-Kittowski, K. 29, *171, 174*

Garfield, E. 91, *180*
Gejvandov, Ė. A. 39, *176*
Giljarevskij, R. S. 16, 20, 63, 116, 167, *170, 171, 173, 174*
Gluškov, V. M. 10, 39, *170, 171, 176*
Gor'kova, V. I. *182*
Gutenberg, J. 21

Hager, K. 2, *169*
Hartmann, K. *180*
Helmholtz, H. v. 63, 69, *178*
Herring, C. *172*
Herrmann, P. 74, *175*
Hjärne, L. *183*
Hoffmann, L. 74, *179*
Hofmann, U. *176*
Honecker, E. 1, *169*

Ioffe, A. F. 20
Isaev, L. 105

Jaglom, A. M. 62, *178*
Jaglom, I. M. 62, *178*
Judelevič, M. A. 39, *176*
Judin, Ė. G. 45, *178*
Jungclaussen, H. 44, *177*

Kaiser, K. *174*
Kalinina, G. R. *180*
Kapica, P. L. 1, 144, *169*
Kedrov, B. M. 72, *175, 179*
Kendall, M. G. 127, *182*
Kennedy, J. F. 105
Kiehlmann, E. *180*
Kitajgorodskij, A. 144, *183*
Klare, H. 148, *183*
Klaus, G. 44, 46, *170, 177, 178*
Klimenjuk, V. N. *180*
Klix, F. *170*
Koblitz, J. 29, *174*
Korolev, M. *173*
Koroleva, G. A. *180*
Kosolapov, V. V. *170, 171*
Kotarbiński, T. 143, *183*
Kozačkov, L. S. 125, *171*
Kozenko, A. V. *170*
Kraus, K. 26, *173*
Kresze, G. 19, *173*
Kring, U. *172*
Kröber, G. *175*
Kronick, D. A. 35, *176*
Kuczynski, J. 15, 26, 77, *172, 173, 179*
Kunz, W. *174*
Kuzin, L. T. 44, *177*

La Fontaine, H. 72
Laisiepen, K. *172*
Laitko, H. *175*
Lancaster, F. W. *179*
Lange, O. 45, 46, *178*
Laue, M. v. 20
Leibniz, G. W. 12, 21
Leitzmann, A. *169*
Lenin, W. I. 10, *171*
Lerner, A. Ja. 44, *177*
Levin, E. N. *180*
Lichtenberg, G. Ch. 7, *169*
Liebscher, H. 44, *177*
Ljubiščev, A. A. 128
Loeser, F. *172*
Lotka, A. J. 127, *182*
Lotz, G. *172, 175*
Ludwig, H. *179*
Lutterbeck, E. *172*

Malecki, I. *175*
Malinin, S. G. *178*
Malthus, Th. R. 38
Manecke, H.-J. 107, *181*
Martinelli, M. T. *184*
Marx, K. 3, *169, 176*
Mater, E. 44, *176*
Mellion, S. P. *182*
Mende, W. 39, *178*
Mendeleev, D. I. 116
Meyer, E. *181*
Meyer, L. 116
Meyer-Uhlenried, K.-H. *172*
Michajlov, A. I. 20, 63, 116, 167, *170, 171, 173, 178, 180*
Mirskij, Ė. M. *184*
Miščenko, G. L. *180*
Moles, A. 62, *177*
Mooers, C. N. 99, 108, *181*
Moskovič, V. A. *177*
Mul'čenko, Z. M. 39, 140, *175*
Müller, G. O. *181*

Nalimov, V. V. 39, 140, *175, 176*
Nesmejanov, A. N. 13
Nickel, K. 29, *174*
Novikov, Ė. A. *171*

Oldenburg, H. 21
Oppenheimer, R. 14
Ostwald, W. 12, 140, *172, 183*
Otlet, P. 72, 167

Perschke, S. *180*
Peschel, M. 39, 44, *177, 178*
Polovinčik, A. N. *170*
Poluškin, V. A. *182*
Price, D. J. de Solla 15, 23, 26, 35, 127, *171, 173, 175, 184*
Prokop, O. *184*

Ramón y Cajal, S. *175*
Rauch, V. D. *183*
Rėndol'f, R. Ch. *183*
Rich, B. 12, 21

Rigby, M. *179*
Rittel, H. *174*
Rompe, R. 13, *172*
Ruge, A. *176*
Rumjancev, A. M. *170*

Sadovskij, V. N. 45, *177, 178, 184*
Sagalovič, N. M 116
Salton, G. *179*
Saracevic, T. *171*
Sawlin s. Zavlin
Ščerbakov, A. I. 39, *176*
Ščerban, A. N. *171*
Scharnow, H.-G. *181*
Schildmann, G. *181*
Schmidt, P, *182*
Schröder, H.-G. *179*
Schulz, M. *179*
Schulze, W. 29, *171*
Schwabe, K. 13, *172*
Seaborg, G. T. 146, *183*
Seletkov, S. N. *179*
Ševjakova, L. A. *181*
Shannon, C. E. 9, 10, 11, *171*
Shannon, R. L. 107, *180*
Siforov, V. I. *178*
Sills, D. L. *170*
Skolnik, H. *175*
Smirnov, L. P. *180*
Šrejder, Ju. A. 130, *173, 174, 182, 183*
Stahn, H. 44, *177*
Steenbeck, M. 13, *172*
Steinbuch, K. 40, 44, *176, 177*
Stjažkin, N. I. *176*
Šulov, L. M. *180*
Sumarokov, L. N. *178, 182*

Tänzer, K.-H. *178*
Temnikov, F. E. *174*
Tereščenko, V. I. 39, *176*
Thiel, R. 19, *173*
Thießen, P. A. *172*
Trostnikov, V. N. 62, *171*
Tschirschwitz, R. *171, 174*
Turski, W. M. *179*

Uhlenbruck, G. *184*
Ursul, A. D. 15, *170*

Vagianos, L. *180*
Vernimb, C. *180*
Vickery, B. C. *182*
Vladimirova, A. V. *182*
Vleduc, G. Ė. 39, *176*
Volkov, B. G. *179*
Volkov, G. N. *172*

Wahl, D. *175*
Wakerling, R. 105
Weil, B. H. 100, *175*
Weinberg, A. M. 14, 26, 27, 105, 154, *173*
Weinrich, L. *179, 180*
Weiß, P. *180*
Wenzlaff, B. *171, 174*
Wessel, A. E. *179*
Wiemer, H. *179*
Wiener, N. 9, 11, 44, *169*
Wilkes, D. M. 146, *183*
Winde, B. 72, *176*
Winkler, G. *179*
Wolkow s. Volkov
Wysocki, A. *183*

Yudin s. Judin

Zadeh, L. A. *177*
Zavlin, P. N. 39, *176*
Zemanek, H. 85, *174*
Ziman, J. M. 118, *181*
Zipf, G. K. 127, *182*
Zločevskij, S. E. *170*

17. Sachregister

Begriffe mit einem * bezeichnen eine wissenschaftliche Zeitschrift, ein wissenschaftliches Informationsorgan oder ein Informationssystem.

Abonnementsrecherche 90
Adressen von Informationen 132
Adressenregister 88, 103
AGRIS s. International Information System for the Agricultural Sciences and Technology
AIDOS s. Automatisiertes Informations- und Dokumentationssystem
Algorithmentheorie 44
Allunionszentrum für wissenschaftlich-technische Information (VNTIC) 118
Arbeitsspeicher 132, 133, 134
ASSISTENT s. Avtomatizirovannaja Spravočno-Informacionnaja Sistema po Nauke i Technike
assoziierter Begriff 76
Atomindex 107
ATOMINFORM s. Forschungsinstitut für Information und technisch-ökonomische Studien über Kernwissenschaft und -technologie
Aufgabenprofil 131, 133, 137, 153
Ausbeute 79
Ausbildung von Informationsfachkräften 151
— — Informationsnutzern 144
Automatentheorie 44
automatische Zeichenerkennung 96
automatisches Indexieren 96
— Klassifizieren 96
— Referieren 96
— Übersetzen 31, 96
automatisierte Systeme wissenschaftlicher Information 5, 6, 74, 83, 155
Automatisiertes Informations- und Dokumentationssystem (AIDOS) 86, 123
Automatisierung 11
Autorenregister 88, 103, 111

*Avtomatizirovannaja Spravočno-Informacionnaja Sistema po Nauke i Technike (ASSISTENT) 99, 100, 116, 117, 132, 141

Ballastinformation 62, 83
Ballastzeitschrift 139
Bestandsaufbau, optimaler 95, 130
Bibliographie 7, 151
bibliographische Angaben 111, 112, 146
Bibliothekswesen 151
Bibliothekswissenschaft 7, 16
big information 21, 26
— science 26
binäre Codierung 56, 58, 60
Binärschritt 57
Binärzeichen 57
*Biosciences Information Service (BIOSIS) 100
bit 58, 62, 63, 67
blackbox 48, 53
BRADFORDsche Regel 127, 137, 138

*Chemical Abstracts 101, 103, 104
*— — Service (CAS) 100, 110, 132, 141
*— Titles 103
Chemieinformation 88
Chemieinformationssystem 108, 110
*Chemische Verfahrenstechnik 103
*Chemischer Informationsdienst 103
*Chemisches Archiv 88
*— Zentralblatt 88, 101
Computer s. a. Rechner 6, 11, 67, 85, 92, 94, 97, 140
— als Forschungsinstrument 96, 97
Computerinformationsrecherche 87
computerlesbares Informationsmassiv 117, 126

computerorganisiertes Informationssystem 104
computerproduziertes Register 104
Computerrecherchierbarkeit 87
corporate index 93, 103
*Current Abstracts of Chemistry and Index Chemicus 103
*Current Contents 103, 104

Datenbasis 99, 119
Datenfernübertragung 99
Deskriptor 75, 76, 78, 108
Deskriptorenkette 76, 107
Deskriptorenkombination 77
Deskriptorensprache 74, 77, 78, 89, 91, 93, 106
–, Eindeutigkeit 74
–, Nutzerfreundlichkeit 74
Dezentralisation der Informationsaufbereitung 106, 107
– des Indexierens 106, 107
– des Referierens 106, 107
Dezimalklassifikation (DK) 72
–, Struktur 73
–, Unabhängigkeit von natürlichen Sprachen 72
–, Universalität 72
Disjunktion 51, 52, 53, 79
Dissertationen 151
Dokumente 91, 107, 117
Dokumentenbereitstellung 107, 110
Dokumentenprofil 131
Dreibuchstabenwort 111, 112

einheitliches System der wissenschaftlich-technischen Information 54
– – elektronischer Rechentechnik (ESER) 86
elektronische Datenverarbeitung 4
Element, aktives 46
Elementarsystem 46, 52, 53
Entropie 62
ESER s. einheitliches System elektronischer Rechentechnik
Europäische Atomgemeinschaft (EURATOM) 105

Faktendokumentationssystem 101
Fakteninformationssystem 7, 100
FID s. Internationale Föderation für Dokumentation
Food and Agriculture Organization (FAO) 149
Formelregister 103, 111, 115
Forschung auf dem Gebiet der Informatik 150
– – – – – wissenschaftlichen Information 141, 144
Forschungsberichteregister 88
Forschungsinstitut für Information und technisch-ökonomische Studien über Kernwissenschaft und -technologie (ATOMINFORM) 105
Forschungslaboratorium für Informationsanalyse 139
Forschungstechnologie 3, 4, 7, 95, 155
– auf dem Gebiet der Chemie 116
Fragestruktur 52
Fragmentcodierung 110
Fragmentspeicher 110
Funktion 46
Funktionieren wissenschaftlicher Institutionen 139

Gesamtsystem 48, 52
–, Struktur 48
–, Strukturmatrix 52
–, Verhalten 48
globale Probleme 143, 144

Häufigkeit 58, 60
Häufigkeitsverteilung 96, 127
Heteroatomregister 103, 111, 115
Heteroverbindung 115
Homonymie 74

IAEO s. Internationale Atomenergie-Organisation
Indexieren 76, 78, 106, 117
–, koordinatives 76
Indexierer 93
Indexierungstiefe 78
Informatik 4, 5, 6, 16, 17, 28, 30, 31, 32, 34, 40, 86, 94, 96, 130, 140, 150, 151

–, Begriffsbestimmung 165, 166, 167, 168
–, Methoden 17
–, methodisches Instrumentarium 150
*Informatika s. RŽ Informatika
Informatiker 141, 150
Informatikforschung 6, 29, 54, 86, 87, 93, 94, 97, 107, 126, 130, 149, 150, 153
–, Objekt 125
Information 5, 9, 10, 62
–, ästhetische 64, 66
– für die Forschung 141
–, logische 4, 63
–, pragmatischer Aspekt 56
–, semantische 63, 65
–, semantischer Aspekt 56
–, soziale 29, 63, 65
–, syntaktischer Aspekt 56
– über Information 125, 130
–, wissenschaftliche s. wissenschaftliche Information
*Information Service in Physics, Electrotechnology and Control (INSPEC) 100, 132, 141
informationelles System 54
Informationsanalyse von Neutronendaten 139
Informationsaspekt 17, 54, 56
Informationsaufbereitung 105
Informationsbarrieren 94
Informationsbedarf 69, 70, 71, 119, 130, 131, 132
–, aufgabenbezogener 132
–, objektiver 95, 130, 131
Informationsbedarfsforschung 126, 130
Informationsbedarfsproblem 69, 70
Informationsbelastung eines Wissenschaftlers 134
Informationsdefizit 146
Informationsdienst 104
Informationseinrichtung 126, 131, 132, 140, 153
Informationsethik, neue Regeln 155
Informationsfachkraft 89, 150, 151
Informationsfonds 99
Informationsgehalt 58
–, mittlerer 59, 60, 61
Informationskategorie 71, 132
Informationskrise 3, 15, 26
Informationslawine 14, 116, 152, 153
–, forschungstechnologische Beherrschung 149
–, syntaktische Beherrschung 149
Informationsmassiv 70, 71, 80, 81, 87, 90, 93, 94, 97, 106, 140, 141, 145, 155
– auf Magnetband 106
–, rechnergestützter Aufbau 88, 94, 99
–, Verflechtung 148
Informationsmittel 101, 102, 104, 112, 115
–, rechnergestützte Herstellung 99, 110
Informationsmodell der Wissenschaft 17, 39, 40
Informationsnachweis 133
Informationsnetz 99
Informationsnutzer 71
Informationsquellen 132
–, dokumentale 31
–, Lagerhaltung 132
Informationsquellenbedarf 131
–, aufgabenbezogener 132
Informationsrecherche 31
–, Genauigkeit 83
–, manuelle 83, 88, 99, 107, 153
–, maschinelle 87, 110
–, multidimensionale 92
–, Vollständigkeit 83
Informationsrecherchesprache s. Informationssprache
Informationssprache 55, 72, 74, 77, 89, 92, 106, 111, 149
–, postkoordinierte 74
–, präkoordinierte 72
Informationsströme 5, 94, 96, 126
–, Informationsverteilung in 142
–, Kopplung 126
–, Korrelation 142
–, zeitliche Entwicklung 126, 142
Informationssysteme 99, 100, 153
– auf dem Gebiet der Chemie 101
–, Handbuch 104
Informationstätigkeit s. wissenschaftliche Informationstätigkeit
informationstheoretische Forschungsmethode 10

Informationstheorie 9, 44
Informationsübertragung 1
– von Kontinent zu Kontinent 149
Informations- und Dokumentationswissenschaft 29
Informationsverarbeitung 1, 7, 11
Informationsverdichtung 76
Informationsversorgung 140, 149
–, neue Qualität 152
Informationszentrum für die Erforschung der Wissenschaftsentwicklung 140
informatique 29
INIS s. International Nuclear Information System
INIS-Thesaurus 75
innerer Zustand 46
Input 46
Inputvektor 46
INSPEC s. Information Service in Physics, Electrotechnology and Control
Institute for Scientific Information 91
Institutionenregister 88
integrierte Systeme wissenschaftlicher Information 87, 100, 110, 117
*International Information System for the Agricultural Sciences and Technology (AGRIS) 141, 149
– Institute for Applied Systems Analysis 140
*– Nuclear Information System (INIS) 75, 100, 104, 105, 106, 107, 132, 141
internationale Arbeitsteilung 107, 110, 117
Internationale Atomenergie-Organisation (IAEO) 105
– Föderation für Dokumentation (FID) 72
internationale Informationssysteme 100, 105, 140
– – des INIS-Typs 70, 71, 105, 107, 118, 126, 131, 132, 149
– kollektive Forschungen 147
– wissenschaftliche Veranstaltungen 146
– Zusammenarbeit 104, 140, 144
Internationales mathematisches Zentrum 140
*– System wissenschaftlich-technischer Information (ISWTI) 118, 119, 120, 121, 122, 123, 141, 149
– Zentrum für Elektronenmikroskopie 140
– Zentrum für wissenschaftliche und technische Information (IZWTI) 28, 118, 119, 123
– Zweiginformationssystem (IZIS) 119, 121, 122
internationales quellenorientiertes Informationssvstem (IQIS) 119
– spezialisiertes Informationssystem 120
Internationalisierung des Wirtschaftslebens 119
*Isotope titles 117

*Journal des Sçavans 21
*Journal of Chemical Information and Computer Science 101

Klassifizierung der Wissenschaften 72
Koeffizient der partiellen Wirkung 48
Koinzidenz 134
– zwischen Profil und Zeitschrift 133
Kommunikationsformen, neue 13, 146, 147, 153
Kommunikationskanäle 23, 25, 95, 150, 154
–, zunehmende Vielfalt 147, 148
Kompatibilität 141, 149
Komplettierung, ideale Kurve 137, 138
–, optimale Kurve 138, 139
–, reale Kurve 137, 138
Komplettierungsgrad 137, 139
komplexe Grundlagenforschung 130
Komplexprogramm der RGW-Länder 119
Konjunktion 51, 52, 53, 79
Konsistenztest 106
Kopplung 46, 49, 52, 54
–, energetische 54
–, informationelle 54
–, stoffliche 54
Kopplungsmatrix 49, 51, 52, 79
Kybernetik 1, 6, 9, 16, 17, 32, 43, 96
kybernetisches System 10, 43, 46, 54

Lehre auf dem Gebiet der Informatik 150
– – – – – wissenschaftlichen Information 144
Leitungswissenschaft 5, 7

Letter 154
Lichtsatz 110
Linguistik 97
Literaturchemiker 101
Literaturverzeichnis 91, 92, 93, 94, 155
little information 21, 26
– science 26
Logik, Grundverknüpfungen 51, 53
logische Struktur 51, 52

Maß der Information 11, 56, 61, 63
– – –, statistisches 54
– – –, syntaktisches 62
Materie 10
*Medical Literature Analysis and Retrieval System (MEDLARS) 100, 132, 141
Mensch–Maschine-Kommunikation 83
Merkmalshäufigkeit 127, 129
Metainformation 17, 130, 134
Metainformationsprobleme 141
*Methods of Information in Medicine 101
Microfiche 106, 111
Modellierung 45
Monodimensionalität 74
– der Dezimalklassifikation 73
Monographien 145, 148, 154
Multiaspektrecherche 90
Multidimensionalität 85

*National Aeronautics and Space Administration (NASA) 100
nationale Systeme wissenschaftlicher Information 123, 140, 144
natürliche Sprache 19, 55, 96, 111, 127
Negation 51, 52, 53, 79
Negentropie 62
Neginformation 62
Nichtdeskriptor 75, 76
*Nuclear Science Abstracts (NSA) 105, 107
Nuklearinformation, Weltaufkommen 105
Nuklearinformationsdienst 106
Null-Eins-Matrix 49, 52, 79
Nutzerkategorie 71, 132
Nutzerprofil 128, 131, 133, 134

Oak Ridge National Laboratory (ORNL) 105
Oberbegriff 76
Optimieren des Zeitschriftenbestandes 137, 138
Ordnen 72, 127
Ordnungsmerkmale 78
Organisation der Informations- und Bibliothekstätigkeit 31
*Organische Chemie 103, 112, 115
Output 46
Outputvektor 46

Patentnummernregister 103
Permutationsregister 88, 89, 90, 93, 111
*Permuterm Subject Index (PSI) 93
*Pharmaceutisches Central-Blatt 23, 101
*Philosophical Transactions 21
Polysemie 74
Pragmatik 56
präparative organische Chemie 110
Praxeologie 143
Praxis 1, 64, 126
– der wissenschaftlichen Information 144
–, gesellschaftlich-historische 5, 63
Preprint 145, 154
Primärzeitschriften 102
Privatkartei 74
Produktivität von Wissenschaftlern 127, 128
Produktivkraft Wissenschaft 4, 17, 40
– wissenschaftliche Information 40
Prognostizierung 96
Programmiersprache 86
PSI s. Permuterm Subject Index
Publizieren 154

quellenorientiertes Informationssystem 7, 149
Quellenregister 93

Rang 127
Rangfolge 127, 129, 155
Rangieren 127
Rangiermerkmal 128
Rangverteilung 126, 127, 128, 137
– in Informationsmassiven 130
Rangverteilungsmechanismus 130

Recherche s. a. Informationsrecherche
– nach Reaktionen 111
Rechner s. a. Computer 6, 17, 85, 86, 87, 88, 106, 109, 110
– in der Informatik 96, 97
– in der wissenschaftlichen Informationstätigkeit 97
Referatejournale 117
Referateorgane 107
Referatetext auf Magnetband 107
Referatezeitschriften 23, 26, 100
*Referativnyj Žurnal (RŽ) 100, 153
Referieren 117
Regelungstheorie 44
Register 87, 88, 103, 107, 111, 153
Registerherstellung 86
Registriernummer 109, 111, 112, 115
Registriernummernregister 103, 109, 110
Report 106, 118
retrospektive Recherche 86, 87, 90, 94
– –, rechnergestützte 99
Reviewliteratur 154
Reviewzeitschriften 148
Ringcodierung 112, 115
Ringformelregister 103, 111, 112, 115
Rückkopplung 50
*RŽ Chimija 101, 103, 104, 110, 111
*RŽ Informatika 29, 31, 90

Sachregister 88, 93, 103, 111
Sachverhaltserschließung 112, 115
Schaltalgebra 51, 53
Schalter 51, 53
Schaltsymbol 51, 53
Schlagwortliste 89
Schlüsselzeitschriften 95, 129, 137, 138, 153
*Schnellinformation Chemie 103
*Science Citation Index (SCI) 77, 86, 90, 91, 92, 93, 103, 141
SCI-Systeme 154
Sekundärzeitschriften 23, 24, 102
Selektive Informationsverbreitung (SIV) 86, 90, 91, 94, 99, 107, 128, 133, 153
Semantik 56
Semiotik 56
Sichtlochkarte 79
Sichtlochkartei 79
Signalinformation 100, 117
*Signal'naja informacija Chimija 103
*SINTES 119
SIV s. Selektive Informationsverbreitung
Sonderdruckanforderung 104
Software 87
sozialistische ökonomische Integration 119
Speichermatrix der Zeitschrifteninformationen 132
Speichern 77, 93
– und Wiederauffinden chemischer Strukturen 108
Speicherung, direkte 78, 83
–, inverse 78, 83
– und Recherche strukturchemischer Informationen (SPRESI) 108, 110, 111
Spieltheorie 44
Sprache der Zitierungen 154
Struktur 52
Strukturbild 102, 111, 112
Strukturmatrix 49, 52, 109
Suchen 79
Suchfrage 79
Suchmerkmal 52, 87
Summenformel 111, 112, 115
Summenformelregister 103, 111
Synonymie 74
Syntaktik 56
System 45
– der wissenschaftlichen Kommunikation 3, 4, 5, 6, 19, 21, 25, 26, 28, 30, 32, 34, 40, 43, 54, 67, 96, 143, 150, 151, 154, 155
– – – – als ganzheitliches System 150
– – – –, formale Komponente 145
– – – –, formaler Teil 20, 144, 145, 148
– – – –, Hauptkomponenten 145
– – – –, nichtformale Komponente 145, 146
– – – –, nichtformaler Teil 20, 144
– – – –, Optimierung 142
– – – –, schnelle Kanäle 145
– – – –, Weiterentwicklung 7, 26, 144, 152
Systemanalyse 17
– der wissenschaftlichen Information 139, 140, 145, 150

– – – –, internationales Zentrum 141, 150
Systemaspekt 17, 45
Systemdenken 45, 54
Systeme wissenschaftlicher Information s. a. Informationssysteme 24, 41, 70, 86
Systemtheorie 44
–, allgemeine 45

Theorie der wissenschaftlichen Information 30, 45
– – – Kommunikation 32, 67, 142
Thesaurus 75
topologische Methode 108, 110
– Strukturbeschreibung 110
topologischer Speicher 110
Transformationsmatrix 47, 52
Transformationsoperator 51, 52
Trivialname 111, 112, 115
Trivialnamenregister 103, 111, 115

Umgebung 46
Umwelt 46
Umweltverschmutzung durch wissenschaftliche Literatur 154
UNISIST-Programm 149
*Universal System for Information in Science and Technology (UNISIST) 149
Unterbegriff 76

Verbindungsname 115
Verbindungstabelle 110
Vereinigtes Institut für Kernforschung 140
Verhalten 46, 52, 53
– des Gesamtsystems 48
– eines Elementarsystems 46, 47
Verhaltensnorm 152
Verhaltensweise 152
– im Umgang mit wissenschaftlicher Information 7, 151, 153
Verknüpfungstabelle 53
VNTIC s. Allunionszentrum für wissenschaftlich-technische Information
Vorwärtsrecherche 93
Vsesojuznyj institut naučnoj i techničeskoj informacii (VINITI) 100, 111, 116, 117, 153

Wachstum, exponentielles 34
–, hyperbolisches 39
Wachstumskurve 23, 34, 35
Wachstumsverlauf 126
Wahrscheinlichkeit 59, 62
Weltfundus des Wissens 3, 6, 13, 21, 117, 141
– wissenschaftlicher Information 70
weltweite Arbeitsteilung 119
Weinberg-Bericht 14, 139
Widerspiegelung 10
Wiederauffinden 77, 79, 93
Wissen 12, 19, 21, 66
–, Speicherungsmethoden 108
–, wissenschaftliches 2, 5
Wissenschaft 1, 2, 3, 4, 11, 13, 26, 28, 34, 36, 39
–, Differenzierungsprozeß 25, 45, 66
–, Entwicklung 17, 95
–, Exponentialgesetz 35
–, extensive Phase 15, 39, 125, 152
–, Forschungsobjekt 125
–, Integrationsprozeß 25, 45, 66, 154
–, intensive Phase 15, 39, 125, 152
–, schnelle kommunikative Komponente 146
–, Systemcharakter 33
Wissenschaftler 1, 2, 3, 4, 7, 26, 92, 104, 130, 148, 151
– als Informationserzeuger 145, 154
– als Informationsnutzer 145, 153
wissenschaftliche Arbeit 145, 152, 155
– Bibliothek 52
– Forschung 3
– Forschungstätigkeit 67
– Information 2, 3, 4, 5, 6, 7, 20, 21, 30, 52, 63, 67, 104, 116, 125, 132, 144, 146, 148, 152
– –, Abpackung 119
– –, Altern 65, 66, 94, 126
– –, Diskretheit 65, 66
– –, Eigenschaften 28, 54, 64, 65, 150
– –, Entfaltung 100, 108, 115, 116
– –, Gebundenheit an physikalische Träger 65
– –, gesellschaftliche Natur 65, 66
– –, Gesetzmäßigkeiten 28

– –, Kumulierbarkeit 65, 66
– –, Nichtadditivität 65
– –, Nichtassoziativität 65
– –, Nichtkommutativität 65
– –, Problem 3, 4, 6, 7, 11, 12, 14, 15, 16, 17, 26, 28, 32, 34, 41, 63, 67, 86, 142, 143, 144, 149, 152, 154
– –, rechnergestützte Systeme 14, 24, 77
– –, semantischer Charakter 65, 66
– –, sprachliche Natur 65, 66
– –, Streuen 65, 66, 94, 126
– –, Struktur 28, 64
– –, Umgang mit 2
– –, Unabhängigkeit der Bedeutung von Art und Sprache des Trägers 65, 66
– –, Unabhängigkeit vom Erzeuger 65, 66
– –, Wert für den Empfänger 65
– Informationspolitik sozialistischer Länder 144
– Informationspraxis 150
– Informationstätigkeit 4, 5, 6, 30, 32, 40, 50, 52, 67, 74, 86, 87, 93, 94, 104, 118, 126, 153
– Kommunikation 19, 24, 26, 27, 43, 64, 126, 148
– –, Elementarform 19, 54, 96
– –, Grundlagen 151
– –, Prozesse 4, 6, 20, 28, 97
– –, System der s. System der wissenschaftlichen Kommunikation
– Literatur 64, 88, 148
– –, konventionelle 106, 107
– –, nichtkonventionelle 106, 107
– Tätigkeit 2, 4
– Zeitschriften 21, 22, 23, 26, 35, 92, 104, 118, 132, 148
wissenschaftlicher Forschungsprozeß 5, 45
wissenschaftliches Telefonat 146, 148
Wissenschaftsforschung 149, 150
Wissenschaftsinformatik 29
Wissenschaftskriminalität 152
Wissenschaftsleitung 5, 17, 95
Wissenschaftsorganismus 3, 4, 28, 43, 96, 154
Wissenschaftspolitik 1
Wissenschaftsredlichkeit 152
Wissenschaftswissenschaft 6, 16, 17, 32, 33, 34, 39, 96
Worthäufigkeit in Texten 127, 128

Zeichenrepertoire 55
Zeichenvorrat 55
Zeitschriftenartikel 72, 128, 145, 154
Zeitschriftenrangfolge 129
Zeitschriftenrangverteilung 137, 138
Zentralinstitut für Information und Dokumentation der DDR (ZIID) 111
Zentrum für Informationsanalyse 139
Zielprogramme der RGW-Länder 119
Zitatsprache 77
Zitierhäufigkeit 155
Zitierindex 17, 88, 91, 93, 94
Zweiginformationssystem 149

18. Zusammenfassung

Beschleunigtes Anwachsen des Wissensfundus und Mangel an selektiver wissenschaftlicher Information mindern zunehmend die Effektivität wissenschaftlicher Forschung. Die Lösung des Problems der wissenschaftlichen Information ist zu einer unaufschiebbaren Aufgabe auf allen Gebieten von Wissenschaft und Technik geworden.

In der vorliegenden Arbeit werden, ausgehend von der Konzeption des Systems der wissenschaftlichen Kommunikation, Stand und Tendenzen von nationalen und internationalen Bemühungen um die Bewältigung dieses Problems dargestellt. Konventionelle und charakteristische neue Kommunikationsformen, besonders große rechnergestützte Informationssysteme (ASSISTENT, ISWTI, INIS, CAS, SCI, INSPEC, SPRESI u. a.) werden behandelt. Der Beitrag der Wissenschaftsdisziplin Informatik zur Erforschung von Gesetzmäßigkeiten des Systems der wissenschaftlichen Kommunikation wird analysiert, und perspektivreiche Richtungen zukünftiger Informatikforschung auf der Basis rechnerlesbarer Massive wissenschaftlicher Information werden beschrieben. Neue Verhaltensweisen, deren Aneignung dem in der Forschung tätigen Wissenschaftler eine hohe Wirksamkeit seines Informationsverhaltens im System der wissenschaftlichen Kommunikation ermöglicht, werden abgeleitet.

18. Summary

The efficiency of scientific research is increasingly hampered by rapid accumulation of knowledge and lack of selective scientific information. A solution to the problem of scientific information has therefore become an urgent priority in all fields of science and technology.

This study reviews the state of the art and the trends apparent in national and international efforts made to develop the system of scientific communication. Conventional and typical new forms of communication are described, with particular emphasis on big computer-aided information systems (ASSISTENT, ISSTI, INIS, CAS, SCI, INSPEC, SPRESI, and others). The contribution made by the scientific discipline informatics (information science) to the investigation of regularities in the system of scientific communication is analysed, and promising lines of future research in informatics, based on computer-readable files of scientific information, are described. New patterns of behaviour are deduced that will enable the research worker to deal efficiently with the system of scientific communication.

18. Резюме

Ускоренное нарастание объема научных знаний и недостаток избирательной научной информации все более снижают эффективность научных исследований. Решение проблемы научной информации стало неотложной задачей во всех областях науки и техники.

В настоящей работе излагаются, исходя из концепции системы научной коммуникации, состояние и тенденции национальных и международных усилий, направленных на решение этой проблемы. Описываются традиционные и новые характерные виды коммуникации, особенно большие автоматизированные системы информации (АССИСТЕНТ, МСНТИ, INIS, CAS, SCI, INSPEC, SPRESI и др.).

Анализируется вклад научной дисциплины — информатика — в исследование закономерностей системы научной коммуникации и обсуждаются перспективные направления будущих исследований по информатике на базе машиночитаемых массивов научной информации.

Выводятся новые нормы информационного поведения, усвоение которых обеспечит ученым-исследователям эффективное участие в системе научной коммуникации.

Bisher erschienen

HEFT 1 G. O. MÜLLER

Stand und Trends der Experimentalmethodik in der Festkörperphysik.

1975. XII. 68 S. — 16 Abb. — 8° — M 12,50.
Bestell-Nr. 7620020 (2167/1) (vergriffen).

HEFT 2 W. SCHULZE

Wissenschaftliche Forschung und elektronische Rechentechnik

1975. XII. 140 S. — 7 Abb. — 6 Tab. — 8° — M 15,—.
Bestell-Nr. 7620039 (2167/2).

HEFT 3 G. ETZOLD

Aufgaben und Organisation eines methodischen Zentrums in der molekularbiologischen Forschung

1976. IX. 53 S. — 2 Abb. — 8° — M 6,—.
Bestell-Nr. 7620047 (2167/3).

HEFT 4 G. HÄRTLER

Versuchsplanung und statistische Datenanalyse

1976. XIII. 103 S. — 6 Abb. — 3 Tab. — 8° — M 12,—.
Bestell-Nr. 7622966 (2167/4).

HEFT 5 W. MEILING

Mikroprozessor — Mikrorechner. Funktion und Anwendung (2. Auflage)

1979. XIV. 215 S. — 46 Abb. — 15 Tab. — 8° — M 21,— .
Bestell-Nr. 7626393 (2167/5) (vergriffen).

HEFT 6 M. BONITZ

Wissenschaftliche Forschung und wissenschaftliche Information (1. Auflage)

1979. XII. 199 S. — 32 Abb. — 6 Tab. — 8° — M 21,—.
Bestell-Nr. 7627636 (2167/6).

HEFT 7 B. PEGEL

Empirische Modellbildung und Versuchsplanung

1980. X. 75 S. — 5 Abb. — 8° — M 9,50.
Bestell-Nr. 7627943 (2167/7).

SONDERBAND 1

Forschen und Nutzen

Wilhelm Ostwald zur wissenschaftlichen Arbeit

Aus seinen Schriften ausgewählt, bearbeitet und zusammengestellt
anläßlich seines 125. Geburtstages von
GÜNTHER LOTZ, LOTHAR DUNSCH, UTA KRING

Mit einem Geleitwort von PETER ADOLF THIESSEN und einer Einführung von GÜNTHER LOTZ und LOTHAR DUNSCH

1978. XLVIII. 278 S. — 22 Textillustrationen aus den Originalschriften, 33 Abb., davon 5 mehrfarbige, auf 28 Kunstdrucktafeln — 8° — Leinen. 38,—.
Bestell-Nr. 7626799 (6535) (vergriffen).

SONDERBAND 2

R. FRANKE

Optimierungsmethoden in der Wirkstofforschung —
Quantitative Struktur-Wirkungs-Analyse

1980. XVI. 454 S. — 25 Abb. — 59 Tab. — 8° — M 45,—.
Bestell-Nr. 7627935 (2167/S2).

In Vorbereitung

R. POSE
Rechnergestützte Bildverarbeitung —
Erkenntnisse und Erfahrungen aus der Hochenergiephysik

FORSCHUNGSTECHNOLOGIE
Aufgaben — Probleme — Aktivitäten
Vorträge auf dem Kolloquium am 8. 1. 1980 der Akademie der Wissenschaften der DDR anläßlich des 65. Geburtstages von Helmuth Faulstich

P. L. KAPICA
Experiment — Theorie — Praxis
Übersetzung aus dem Russischen
Herausgegeben und mit einem Nachwort versehen von G. LOTZ, W. WÄCHTER und CH. WINTERSTEIN
Sonderband

Die Schriftenreihe erscheint in zwangloser Folge

Dr. sc. nat. MANFRED BONITZ (1931), Studium der Physik bei W. Schütz an der Friedrich-Schiller-Universität Jena. 1956 bis 1962 Aufenthalt am Leningrader A. F. Ioffe-Institut der Akademie der Wissenschaften der UdSSR, dort Promotion auf dem Gebiet der Kernphysik bei Ė. E. Berlovič. Seit 1962 tätig beim Zentralinstitut für Kernforschung der Akademie der Wissenschaften der DDR, Dresden-Rossendorf. 1965 bis 1967 Aufenthalt am Niels-Bohr-Institut Kopenhagen, gemeinsame Arbeit mit S. Bjørnholm auf dem Gebiet der Atomkernspektroskopie am Beschleunigerstrahl. 1969 Promotion B bei J. Schintlmeister über Kernspektroskopie am Deuteronenstrahl. Seit 1972 Vorlesungen über Informationssysteme an der Technischen Universität Dresden.
Mehr als sechzig Veröffentlichungen auf den Gebieten Kernelektronik, Kernphysik (darunter Beitrag zum Lehrbuch der Kernphysik von G. Hertz) und Wissenschaftliche Kommunikation (Informatik). Dieser gilt seit 1970 seine besondere Aufmerksamkeit.

ISSN 0323-5130

FSC
www.fsc.org
MIX
Papier | Fördert gute Waldnutzung
FSC® C083411

Kolibri 360 GmbH
Ferdinand-Jühlke-Straße 7
99095 Erfurt, Deutschland
produktsicherheit@kolibri360.de